校企(行业)合作
系列教材

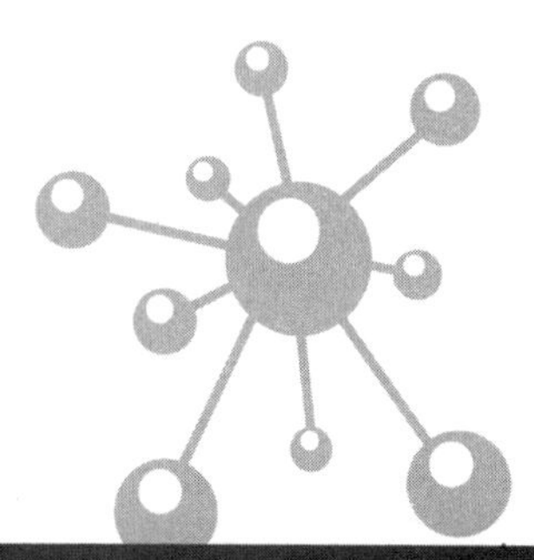

有机化学实验

主　编：林素英　蔡力锋
副主编：林　旺　吴望成

厦门大学出版社 国家一级出版社
XIAMEN UNIVERSITY PRESS 全国百佳图书出版单位

图书在版编目(CIP)数据

有机化学实验/林素英,蔡力锋主编.—厦门:厦门大学出版社,2019.7
校企(行业)合作系列教材
ISBN 978-7-5615-7361-7

Ⅰ.①有… Ⅱ.①林…②蔡… Ⅲ.①有机化学—化学实验—教材 Ⅳ.①O62-33

中国版本图书馆 CIP 数据核字(2019)第 125147 号

出 版 人 郑文礼
策划编辑 张佐群
责任编辑 眭 蔚
封面设计 蒋卓群

出版发行 厦门大学出版社
社　　址 厦门市软件园二期望海路 39 号
邮政编码 361008
总 编 办 0592-2182177　0592-2181406(传真)
营销中心 0592-2184458　0592-2181365
网　　址 http://www.xmupress.com
邮　　箱 xmup@xmupress.com
印　　刷 三明市华光印务有限公司

开本 787 mm×1 092 mm 1/16
印张 8.75
字数 215 千字
版次 2019 年 7 月第 1 版
印次 2019 年 7 月第 1 次印刷
定价 31.00 元

本书如有印装质量问题请直接寄承印厂调换

厦门大学出版社
微信二维码

厦门大学出版社
微博二维码

前　言

有机化学实验是与化学相关各专业必修的一门基础实验课程，它与有机化学理论教学相辅相成，不可分割。通过实验教学可以为学生提供实践机会，开辟科学实验途径。有机化学实验的目的是使学生掌握有机化学实验的基本技能；学会正确选择有机化合物的合成、分离、提纯和鉴定分析的方法；通过实验，加深学生对有机化学基本理论与概念的理解，增强运用所学理论知识解决实际问题的能力。同时，有机化学实验也是培养学生理论联系实际的作风、严谨认真的科学态度与良好工作习惯的一个重要环节。

科学技术的发展，对人才能力、素质要求越来越高，人才培养模式亟须创新。为满足党的十九大提出建设知识型、技能型、创新型劳动者大军的要求，结合学校“应用型、地方性、开放式、特色化”的办学定位，提高有机化学实验教学质量，推进产教融合，实现产学合作协同育人，服务地方经济发展，我们总结多年来有机化学实验教学实践和改革的经验，并吸收其他有机化学实验教材中的优秀内容，以能力培养为核心，以提高学生的综合素质为目标，编写了本书。

本书以基础训练为主，含基本操作与综合性、设计性实验，主要包括有机化学实验基本操作、有机物的合成、分离纯化和定性分析等内容。基本操作训练目的是使学生掌握和熟悉基本的操作技术与典型的制备反应，掌握各种操作和技能的要点及实质。合成实验选择了多个有代表性的、重要的有机反应类型，并兼顾实验的安全性和减少环境污染的要求。定性分析部分包括仪器法和化学法。为解决教学中实验与实践分离的问题，书中引入福建永荣科技有限公司、福建中锦新材料有限公司己内酰胺合成与聚合项目及福建三棵树涂料股份有限公司的水性乳胶漆合成与检测项目，将企业项目引入课堂，将课堂搬进企业，通过教、学、做一体化教学，提升学生职业技能和素养。

全书共分为5章。第1章为概述，介绍有机化学实验基本知识、实验室规则、实验记录要求、实验室常用仪器和设备、文献检索与网络资源等，并强调安全操作在实验中的重要性。第2章介绍有机化合物物理常数测定及结构分析，如沸点、熔点、折光率等的测定方法，以及红外、色谱等常用的结构鉴定方法。第3章介绍基本操作训练与合成实验，共收录了10个实验，以传统的训练内容为主，培养学生的实践能力。第4章为多步骤合成实验，让学生从基本原料起，综合运用各项合成技术与检测手段全方位实践有机合成。第5章较系统地介绍了有机化合物的定性鉴定，安排了未知物鉴定的实验，让学生运用所学知识解决实际问题。附录提供了部分化合物物理常数与试剂配置方法，供读者查阅参考。

本书可供化学、应用化学、化工工艺、生物、食品、环境、工业分析、制药工程、精细化工、高分子材料与工程等专业学生使用。

本书编写分工如下：莆田学院林素英编写第1章，第3章3.6～3.10，第5章及附录；林旺编写第3章3.1～3.5；谢丽燕编写第2章2.1、2.4；薛美香编写第2章2.2、2.5；陈宇编写第2章2.3、2.6；沈高扬编写第2章2.7；蔡力锋、福建永荣科技有限公司、福建中锦新材料有限公司、福建三棵树涂料股份有限公司编写第4章。本书的编写参阅和借鉴了许多国内外有机化学实验的相关内容，出版得到了莆田学院经费资助及厦门大学出版社的大力支持，在此表示衷心感谢。

作　者

2019年6月

目　录

第 1 章　有机化学实验的基本知识

1.1　有机化学实验概述

1.1.1　有机化学实验的教学目的

有机化学是一门实践性很强的学科，有机化学实验是有机化学学科的一个重要组成部分，其主要目的是：①使学生通过实验，加深对课堂所学的有机基本理论知识的理解；②使学生掌握有机化学实验的基本操作和技能，提高分析问题和解决问题的能力；③培养学生实事求是、严谨的科学态度，良好的实验室工作作风和习惯。

1.1.2　有机化学实验的主要内容

有机化学实验主要内容包括有机化学实验的基本技能，有机化合物的分离提纯、合成和鉴定分析。基本技能包括物理性质如熔点、沸点、折光率、旋光度等的测定；有机化合物的分离和提纯技术包括重结晶、过滤、升华、沉淀、离心、蒸馏、萃取等。有机合成需要根据不同化合物的合成原理，设计实验的操作方案，选择合适的合成、分离提纯和分析鉴定的方法，正确运用各种实验操作技能，并能解决实验中碰到的问题。结构是化学性质的决定性因素，有机化合物的结构分析常常要借助紫外光谱、红外光谱、拉曼光谱、核磁共振谱等。

1.1.3　有机化学实验的特点

有机化学反应具有反应速度较慢、反应历程复杂、副产物多等特点，有机物的化学性质也易受光、热、磁、空气、微生物等外界因素的影响而发生变化。因此，常需要对有机化学实验的环境和条件进行严格的操控，才能保证实验的正常运行。与无机化学实验相比，其特点明显：①实验条件和环境的控制要求更加严格，否则很容易导致实验失败；②出于对实验的各种控制，实验反应的装置常更加复杂，用到的实验设备和仪器更多；③要随时注意实验安全和环保问题。

1.1.4　有机化学实验室的基本规则

有机化学实验很大程度上由玻璃仪器、实验试剂和电器设备等组成，如操作不当可能引发火灾、爆炸、中毒或烧伤等事故，对人身、财产造成伤害。为能有效地维护人身和实验室的安全，确保实验的顺利进行，学生应具备严谨的科学作风和科学态度，养成良好的实验习惯，并严格遵守下列实验室规则：

(1)熟悉安全设备(消防设备、洗眼器、喷淋装置)的摆放位置和使用方法，熟悉实验室楼的疏散通道和逃生路线。

(2)进入实验室需要穿实验服、长裤、覆盖脚面的鞋子，并佩戴防护眼镜，严禁穿拖鞋、凉鞋或短裤等暴露皮肤的鞋子或服装，长头发必须扎好。

(3)遵守实验室纪律和各项规章制度，准时出席，严禁迟到、无故缺席。严禁在实验室内饮食、吸烟，或把食具带进实验室。实验完毕，必须洗净双手后才能离开实验室。

(4)实验前必须认真预习，明确实验目的、原理、步骤及操作规程，熟悉安全注意事项。实验原则上应按教材上所提示的步骤、方法和试剂用量进行；若提出新的实验方案，应经教师批准后方可进行试验。

(5)做实验时要严肃认真，仔细观察实验现象，并正确进行记录；实验时观察到的现象及实验结果要如实、详细地记录在记录本上，不得涂改或弄虚作假。实验中必须保持肃静，不准大声喧哗，不得到处乱走，不做与实验无关的事情。

(6)药品使用前必须查阅其物理化学性质及正确使用方法；按量取用，决不允许随意混合各种化学药品。实验室所有药品不得带出室外，用剩的药品应如数还给教师。

(7)爱惜仪器，实验结束后玻璃仪器应洗净排齐置于柜内，公用仪器必须放回原先位置，严禁私藏。如因保管不当导致丢失或操作不当引起损坏，必须及时登记补齐并赔偿。

(8)所有实验废物应按固体、液体，有害、无害等分类收集于不同的容器中，对一些难处理的有害废物可送环保部门专门处理；对能与水发生剧烈反应的化学品，处置之前要用适当的方法在通风橱内进行分解。

(9)保持实验室内清洁，实验用品摆放整齐，保持水槽、仪器、桌面、地面“四洁”，实验室卫生由学生轮流值勤，并检查水龙头、门、窗是否关紧，电闸是否关闭，以保持实验室的整洁和安全。

1.2 有机化学实验室意外事故的预防与处理

在有机化学实验中，如果违背实验操作规程，疏忽一些实验细节问题，就容易发生意外事故，如烧伤、烫伤、中毒、火灾或爆炸等。有效的防范是对待事故最积极的态度。首先，需要从思想上重视安全工作，决不能麻痹大意。其次，在实验前应了解仪器的性能和药品的性质以及本实验中的安全事项。最后，要学会一般的救护措施。一旦发生意外事故，可及时正确地处理，减少损失。下面介绍实验室意外事故预防和处理的常用知识。

1.2.1 着火

着火是有机化学实验室常见的事故，预防着火应该注意以下几点：

1. 防火的基本原则

(1)不使用烧杯等敞口仪器盛装易挥发、易燃的溶剂，如乙醚、乙醇、丙酮、石油醚、苯等，使用易燃的溶剂时要远离火源，严禁将易燃液体倒入废液缸或下水道。

(2)实验中避免使用明火直接加热，尽量选择水浴、油浴或电热套加热，不得在密闭的容器中加热液体。回流或蒸馏液体时应放沸石，以防暴沸使物料冲出而引起着火。

(3)酒精灯用毕应立即盖灭，禁止用一只酒精灯到另一只酒精灯上点火。燃着的或阴燃的火柴梗不得乱扔，应放在表面皿或烧杯中，实验结束后一并倒入指定地点。

(4)电器使用前需认真检查是否完好，若有问题应及时更换。

2. 火灾的处理

如发生火灾，室内人员应保持沉着冷静，积极有秩序地参加灭火。一旦发生火灾，应先切断电源、煤气，移去易燃易爆试剂，再采取其他适当方法灭火。

(1)有机溶剂在桌面或地面上蔓延燃烧时，不得用水冲，可撒上细沙或用灭火毯扑灭。

(2)衣物着火时切勿奔跑，用湿抹布或灭火毯把着火部位包起来，也可就地躺倒，滚动将火压熄，或者用自来水冲淋熄灭。

(3)反应瓶内发生的局部小火可用石棉布、表面皿或湿抹布盖上瓶口，使瓶内缺氧灭火。

(4)钠、钾等金属着火通常用干燥的细沙覆盖。严禁用水和四氯化碳灭火器，否则会导致猛烈的爆炸，也不能用二氧化碳灭火器。

如火势较大应该使用灭火器，有机化学实验室常用的灭火器材及适用范围如下：

(1)沙箱：将干燥沙子贮于容器中备用，灭火时，将沙子撒在着火处。干沙对扑灭金属起火特别安全有效。平时经常保持沙箱干燥，切勿将火柴梗、玻璃管、纸屑等杂物随手丢入其中。

(2)灭火毯：灭火毯为玻璃纤维布，灭火时包盖住火焰。沙子和灭火毯经常用来扑灭局部小火，必须妥善安放在固定位置，不得随意挪作他用，使用后必须归还原处。

(3)二氧化碳灭火器：是化学实验室最常使用也是最安全的一种灭火器，其钢瓶内贮有液态二氧化碳。使用时，一手提灭火器，一手握在喷二氧化碳喇叭筒的把手上，打开开关，即有二氧化碳喷出。手不能握在喇叭筒上，以防冻伤。二氧化碳无毒害，使用后干净无污染，特别适用于扑灭油脂、电器和忌水物品等的失火，但不能用于扑灭金属着火。

(4)泡沫灭火器：由硫酸铝和碳酸氢钠作用产生氢氧化铝和二氧化碳泡沫，它们能黏附在可燃物上，使可燃物与空气隔绝，从而达到灭火的目的。泡沫灭火器适用于扑灭油类起火。因泡沫能导电，不能用于扑灭电器着火。由于灭火后的污染严重，后处理麻烦，非大火时一般不用它。

(5)干粉灭火器：干粉灭火器内部装有磷酸铵盐等干粉灭火剂，这种干粉灭火剂具有易流动性、干燥性，由无机盐和粉碎干燥的添加剂组成，可有效扑救初起火灾。干粉灭火器最常用的开启方法为压把法：将灭火器提到距火源适当位置后，先上下颠倒几次，使筒内的干粉松动，然后使喷嘴对准燃烧最猛烈处，拔去保险销，压下压把，灭火剂便会喷出灭火。干粉灭火器适用于扑救各种易燃、可燃液体和易燃、可燃气体火灾，以及电器设备火灾。

总之，当失火时，应根据起火原因和火场周围的情况，采取相应的方法扑灭火焰。无论使用哪一种灭火器材，都应该从火的四周开始向中心扑灭，并及时拨打“119”报警。

1.2.2 爆炸

引起爆炸的可能原因有：随意混合化学药品、反应激烈失去控制、仪器内部压力过高、减压蒸馏使用不耐压的仪器；易燃气体或易燃溶剂的蒸气在空气中混合到一定比例时，遇到明火、电火花、静电摩擦都会引起爆炸。预防爆炸应注意以下几点：

(1)决不允许随意混合各种化学药品；使用易燃易爆物如乙炔、苦味酸、过氧化物、叠氮化合物等，应严格按操作规程进行；使用四氢呋喃、乙醚等醚类化合物时，必须先检验有无过氧化物并除掉过氧化物。

(2)实验中要有良好的通风；倾倒和量取易燃的有机溶剂均应在通风橱内进行，远离火源，用后立即盖好瓶塞。

(3)常压操作时，应使全套装置通大气，切勿造成密闭体系；冷凝水要保持畅通；需要密闭装置回流、蒸馏时，可在与空气相接处加一气球，体系压力过大时气球会膨胀或破裂而不至于发生意外。

(4)减压蒸馏时，要用圆底烧瓶作接收器，不可用锥形瓶、平底烧瓶等，因其平底处不能承受较大的负压而易发生爆炸。必要时可戴上护目镜、防爆面具。

(5)反应过于猛烈时，要根据情况采取冷却或控制加料速度等措施。

一旦发生爆炸事故，首先将受伤人员撤离现场，送往医院急救；同时立即切断电源，关闭煤气和水龙头，并迅速清理现场以防引发其他着火中毒等事故。

1.2.3 中毒

大多数有机实验试剂都有不同程度的毒性，如操作不当和缺少必要的防护措施，就可能引起中毒。产生中毒的原因主要是有毒化学药品通过呼吸道、消化道和皮肤接触侵入人体，进入肺部和血液中。防止中毒最重要的是了解使用的化学药品的性质，规范操作。学生进行实验时应做到以下几点：

(1)实验前必须了解实验中所用化学药品的化学和物理性质、毒性、侵入途径、中毒症状和急救方法等，以减少或避免化学毒物引起的中毒事故。

(2)对有刺激性或者产生有毒气体的实验，应尽量安排在通风橱中进行，或采用气体吸收装置。通风开启后，不要把头伸入橱内，尽量避免吸入任何药品和溶剂蒸气。不要俯向容器去嗅放出的气味。闻气味时，应该是面部远离容器，用手把离开容器的气流慢慢地扇向自己的鼻孔。

(3)禁止用手直接取用任何化学药品，不得入口或接触伤口。使用有毒药品时应佩戴橡胶手套，实验后立即清洗仪器、用具，并用肥皂洗手。不要使用乙醇等有机溶剂擦洗，以免增加皮肤对药品的吸收。

(4)打破温度计后要及时处理，可用水泵或者或胶带纸将洒落在地面上的水银轻轻粘起来，使其集中到一处再收集到小瓶中，上面加上少量水，然后盖上盖子。对掉在地上不能完全收集起来的水银，在可能撒有水银的地方撒上一些硫黄粉，再将硫黄粉收集到塑料袋中。收集起来的水银、硫黄粉，要小心地送到环保部门专门处理。

实验中若出现胸痛，气急，呼吸困难，咽喉灼痛，皮肤、黏膜青紫(发绀)，恶心呕吐，心悸头晕等症状，则可能是中毒所致。应到空气新鲜的地方休息，严重者应及时送医院治疗。

1.2.4 化学灼伤

皮肤接触了高温、低温或腐蚀性物质后均可能被灼伤。强酸、强碱、液氮、强氧化剂、溴、苯酚、醋酸、磷、钠、钾等物质，都会灼伤皮肤，应注意不要让皮肤与之接触，尤其防止溅入眼中。开启易挥发性药品的瓶盖时，必须先充分冷却后再开启，瓶口应指向无人处；倾注药剂或加热液体时，不要俯视容器，以防溅出；洗涤过的仪器严禁用手甩干，以防容器中未洗净的酸碱液等伤害别人身体或衣物。发生灼伤后可以按下列方法进行处理：

(1)轻微烫伤时可在患处涂以油膏或鞣酸软膏、烫伤膏。

(2)被酸或碱液灼伤时，立刻用大量水冲洗，酸灼伤用 5%碳酸氢钠溶液冲洗，碱灼伤用 1%硼酸溶液或 1%醋酸溶液冲洗，再用水冲洗，最后涂上烫伤膏。

(3)溴灼伤时，立即用大量水冲洗，然后用酒精洗涤涂上甘油。或者用 2%的硫代硫酸钠溶液洗至灼伤处呈白色，然后涂上甘油，或敷上烫伤膏。

(4)以上物质一旦溅入眼睛里，应立即用大量的水冲洗，并及时就医。

上述方法仅为暂时减轻疼痛的措施。如伤势较重，应尽快送医院就诊。

1.2.5 割伤

在玻璃仪器的使用和玻璃工的操作中，常因操作或使用不当而发生割伤现象。为了避免割伤，应注意以下几点：

(1)玻璃仪器在使用前应仔细检查，不得使用有裂纹的仪器；玻璃管断口处应烧融使其圆滑；洗刷玻璃仪器时用力不可过猛；打扫桌面的碎玻璃时，要仔细小心。

(2)将温度计或玻璃管(棒)插入塞子时，应涂点水润滑后，用布裹住逐渐旋转而入，用力处不要离塞子太远，否则易折断引起割伤。

(3)装配或拆卸玻璃仪器装置时，仪器型号应匹配，应着力于连接部分，不对仪器的任何部位施加过大的压力。

玻璃割伤后要及时处理，先取出伤口内的玻璃碎屑等异物，然后用蒸馏水或双氧水清洗伤口，挤出一点血，再涂上止血粉或红药水后用消毒纱布包扎。也可在洗净的伤口上贴上创可贴，可立即止血，且易愈合。当严重割伤大量出血时，于伤口上方 5～10 cm 处用纱布扎紧，防止大出血，并立即送医院治疗。

1.2.6 安全用电

在有机化学实验室中，经常使用烘箱、搅拌器、电吹风、电加热油浴和水浴锅、电热套、变压器、油泵、旋转蒸发仪等电气设备。若使用不当，会发生触电或着火事故。因此，安全用电非常重要，在实验室用电过程中必须严格遵守以下操作规程：

(1)进入实验室后，首先应了解水、电、气的开关位置，并且掌握它们的使用方法。

(2)使用电器前，应先了解它们的使用方法及注意事项，检查线路连接是否正确，运转是否正常后才能使用。在实验中，应先将电气设备上的插头与插座连接好，再打开电源开关。

实验做完后，应先关闭电源，再拔插头。不能用湿手接触电源插头。

(3)电器内外要保持干净、干燥，切不可进水或其他溶剂；电源裸露部分应有绝缘装置，电器外壳应接地线；如发现电器有漏电、打火花等现象，立即断开电源检修。在电气设备附近，不要放置易燃性或可燃性的物质。

一旦有人触电，应首先切断电源，然后抢救。无论有无外伤或烧伤，都要立即找医生处理。

1.3 有机化学实验常用的仪器和装置

1.3.1 常见玻璃仪器

玻璃仪器一般是由软质或硬质玻璃制作而成的。软质玻璃热膨胀系数大，耐温性较差，常用于制造不直接受热的仪器，如滴定管、移液管、量筒等。硬质玻璃具有较好的耐温和耐腐蚀性，制成的仪器受热不易发生破裂，如烧杯、烧瓶、试管、蒸馏瓶和冷凝管等。

1. 普通玻璃仪器

有机实验中使用的玻璃仪器主要有普通和磨口两类，普通玻璃仪器有非磨口锥形瓶、烧杯、布氏漏斗、吸滤瓶、普通漏斗等，表1.1列举了几种常用的普通玻璃仪器。

表1.1 有机化学实验常用普通玻璃仪器

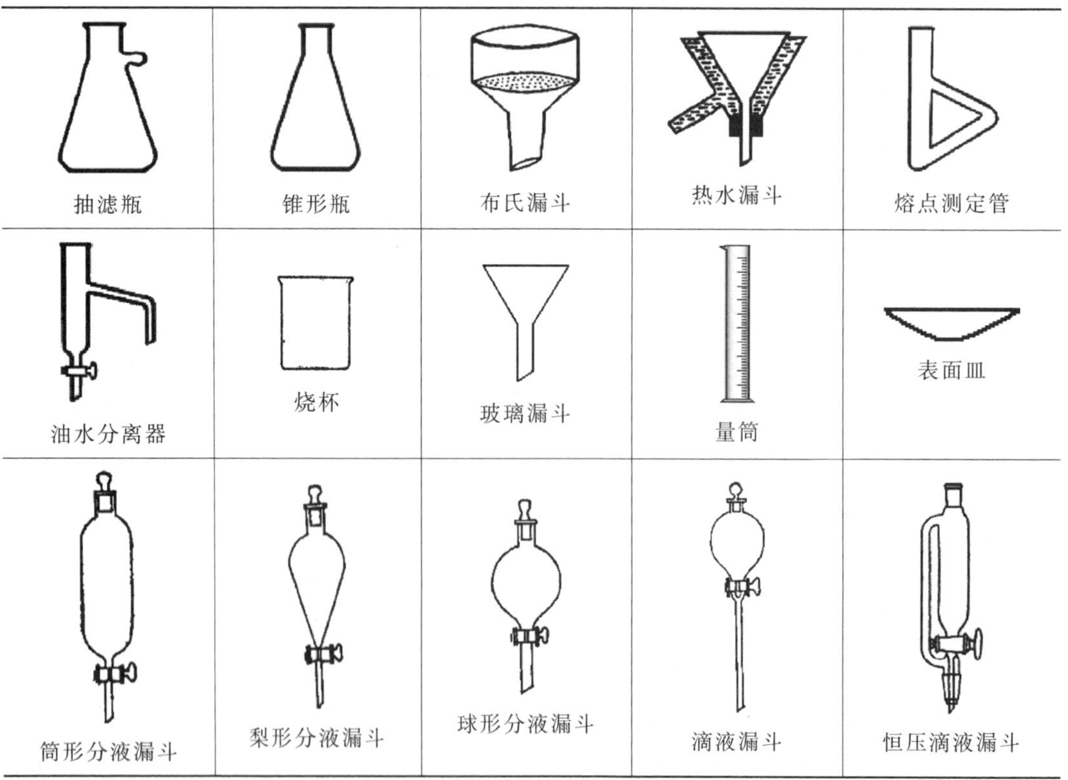

2. 标准磨口玻璃仪器

标准磨口玻璃仪器是具有标准化磨口和瓶塞磨砂的玻璃仪器，常用标准磨口仪器有磨口锥形瓶、圆底烧瓶、三颈瓶、蒸馏头、冷凝管、接收管等，除了少数玻璃仪器（如分液漏斗的旋塞和磨塞，其磨口部位是非标准磨口）外，绝大多数仪器上的磨口是标准磨口。表 1.2 列出了常用的标准磨口玻璃仪器。

表 1.2　标准磨口玻璃仪器

圆底烧瓶	梨形烧瓶	二口烧瓶	三口烧瓶	蒸馏头
蒸馏弯头	克氏蒸馏头	二口连接管	三口直形连接管	大小口接头
弯形接引管	真空接引管	双头接引管	U 形干燥管	弯形干燥管
刺形蒸馏管	环形冷凝管	空气冷凝管	直形冷凝管	索氏萃取器

我国标准磨口采用国际通用技术标准，常用的是圆台形标准磨口。标准磨口仪器的每个部件在其口塞的上或下显著部位均具有烤印的白色标号，如 10、12、14、16、19、24、29、34、40、10/30 等。标号的数值表示磨口大端直径（用 mm 表示）圆整后的整数值。两个数字如“10/30”则表示磨口大端直径为 10 mm，磨口高度为 30 mm。

由于仪器口塞尺寸标准化、系统化，磨砂密合，凡属于同类规格的接口，均可任意连接，各部件能组装成各种配套仪器。与不同类型规格的部件无法直接组装时，可使用转换接头连接。使用标准接口玻璃仪器，既可免去配塞子的麻烦手续，又能避免反应物或产物被塞子沾污的危险，口塞磨砂性能良好，可使密合性达较高真空度，对蒸馏尤其减压蒸馏有利，对于毒物或挥发性液体的实验较为安全。

3. 常用玻璃仪器的主要用途

(1)烧瓶。平底烧瓶适用于配制和贮存溶液，但不能用于减压实验；圆底烧瓶能耐热及反应物(溶液)沸腾所发生的冲击振动；短颈圆底烧瓶瓶口结构结实，在有机化合物的合成实验中最常使用；长颈圆底烧瓶通常用于水蒸气蒸馏实验。锥形烧瓶常用于容量分析和有机溶剂进行重结晶的操作。多口圆底烧瓶主要用于化学反应。三口烧瓶在需要进行搅拌的实验中最常使用，中间瓶口装搅拌器，两个侧口装回流冷凝管、滴液漏斗或温度计等。克莱森蒸馏烧瓶用于减压蒸馏实验，正口安装毛细管，带支管的瓶口插温度计；容易产生泡沫或发生暴沸的蒸馏也常使用这种烧瓶。

(2)蒸馏头、蒸馏弯头与圆底烧瓶组装后用于普通蒸馏，而克氏蒸馏头与圆底烧瓶组装后常用于减压蒸馏和容易产生泡沫或发生暴沸的蒸馏。应接管有单尾、双尾、三尾等，用于接收蒸馏液。单尾应接管一般用于常压蒸馏，双尾或三尾应接管常用于减压蒸馏，可以接收多种馏分。

(3)漏斗。滴液、球形、梨形分液漏斗用于液体的萃取、洗涤和分离，有时还可用于滴加试液。滴液漏斗能把液体一滴一滴地加入反应器中，且漏斗的下端浸没在液面下，能明显地看出滴加的速度。当反应体系内具有压力时，最好采用恒压滴液漏斗滴加液体，这样不仅使滴加顺利进行，而且可以避免易挥发或有毒蒸气从斜上口逸出。漏斗使用后一定要在活塞和顶塞的磨口间垫上纸片，以免长时间放置后粘连而难以打开。

(4)干燥管用于处理无水溶剂或无水反应装置中，避免潮气的侵入。干燥管内先放入一定量玻璃棉，再根据需要装入无水氯化钙、硅胶或活性氧化铝干燥剂，最后放入一些玻璃棉以防止干燥剂渗漏或被带出。

(5)冷凝管。直形冷凝管要在套管内通水冷却。蒸馏物质的沸点超过 140 ℃时，直行冷凝管往往会在内管和套管的接合处炸裂，需要换成空气冷凝管。球形冷凝管的内管冷却面积较大，对蒸气的冷凝有较好的效果，适用于加热回流的实验。

1.3.2 有机实验常用装置

根据不同的化学反应和产物后处理的需要，往往要进行搅拌、回流、蒸馏、分馏、过滤、抽滤等基本单元操作，这些单元操作通常通过一定的玻璃仪器组合而成的实验装置来完成。常用的有机实验装置有蒸馏、回流、搅拌及气体接收装置等。

1. 蒸馏装置

普通蒸馏是分离两种以上沸点相差较大(一般大于 30 ℃)的液体和除去有机溶剂的常用方法。蒸馏装置一般由汽化、冷凝和接收三个部分组成。沸点相差不大的液体混合物的分离一般要采用分馏装置。分馏装置和蒸馏装置的不同之处是在蒸馏烧瓶和蒸馏头之间安装了分馏柱。普通蒸馏、分馏装置如图 1.1(a)、(b)所示。

水蒸气蒸馏是分离和纯化有机混合物的常用方法，特别是混合物中有大量树脂状杂质时，其分离效果比一般蒸馏或重结晶要好。水蒸气蒸馏装置由蒸气发生器、蒸馏、冷凝、接收器四个部分组成[图 1.1(c)]。

减压蒸馏是分离提纯沸点较高或稳定性较差的液体有机化合物的重要方法。减压蒸馏装置主要由蒸馏、接收、减压、保护和测压等部分组成[图 1.1(d)]。

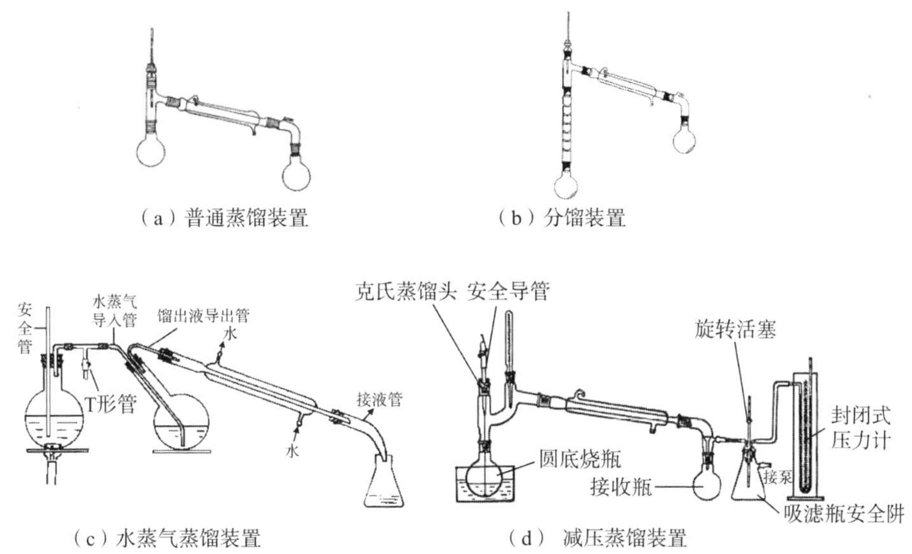

图 1.1　常见蒸馏装置

2. 回流装置

大多数有机化学反应需要加热，为了防止加热时蒸气逸出，通常要使用回流装置。回流装置主要由反应容器和冷凝管组成，即在反应瓶上安装冷凝管，使蒸气不断在冷凝管内冷凝，回到反应器中继续参与反应，这种连续不断地沸腾汽化与冷凝流回的操作称为回流。回流加热前应在反应器中先加入沸石，然后根据液体的沸点选择水浴、油浴或电热套进行加热。回流的速度应控制在蒸气上升高度不超过冷凝管高度的 1/3 为宜。

常见回流装置如图 1.2 所示。图 1.2(a)为普通回流装置。图 1.2(b)用于需要干燥的反应，冷凝管上端连接装有干燥剂的干燥管，可防止水分进入反应体系；若回流中无不易冷却物放出，还可把气球套在冷凝管上口。反应过程如果有有毒害气体产生，应增加气体吸收装置[图 1.2(c)]，其中玻璃漏斗应略微倾斜，使漏斗口一半在液面之上，既防止气体逸出，又可防止水被倒吸至反应瓶中。反应过程中需要添加液体反应物时，可加装滴液漏斗[图 1.2(d)]。

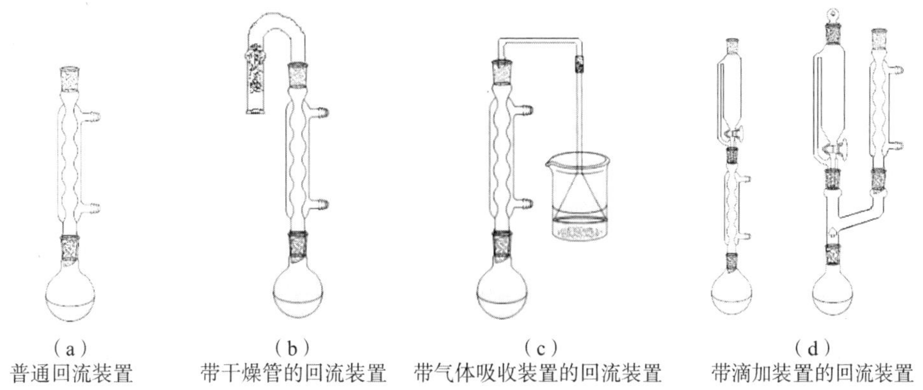

图 1.2　常见回流装置

3. 搅拌装置

反应在均相溶液中进行时一般不需要搅拌，因为加热时溶液存在一定程度的对流，从而保持液体各部分均匀地受热。如果是非均相间反应，或反应物之一被逐渐滴加时，为了尽可能使其迅速均匀地混合，以避免因局部过浓过热而导致其他副反应发生或有机物的分解；有时反应产物是固体，如不搅拌将影响反应顺利进行，在这些情况下均需进行搅拌操作。在许多合成实验中使用搅拌装置不但可以较好地控制反应温度，而且能缩短反应时间，提高产率。当反应物料较少，不需要太高温度的情况下，电磁搅拌可代替电动搅拌，且易于密封，使用方便。常用的电动搅拌装置如图 1.3。其中，图(a)为控温搅拌装置；图(b)可以同时进行搅拌、回流和滴加液体；图(c)为电磁搅拌器装置，可同时搅拌、测温、回流和滴加液体。

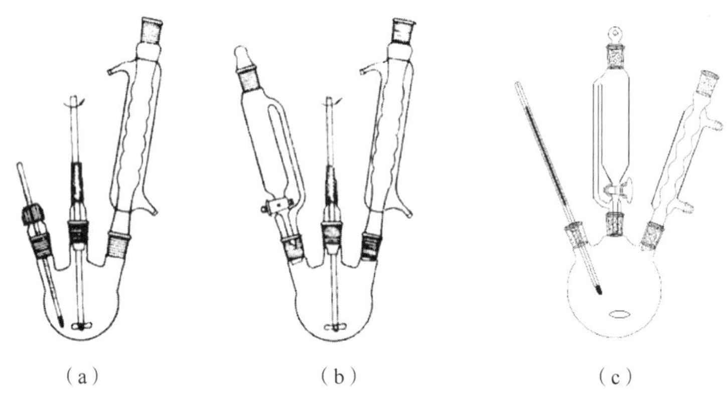

图 1.3 常用的搅拌装置

4. 仪器装置装配方法

实验装置装配正确与否与实验成败有很大关系。在装配装置时，应该注意几点：首先，所选用的玻璃仪器和配件要干净，大小合适；其次，搭建装置时应按照从下到上、从左到右原则，逐个装配。在拆卸时，按相反的顺序逐个地拆卸。

仪器装配要求做到严密、正确、整齐和稳妥，磨口连接处要呈一直线。在常压下进行反应的装置，应与大气相通，不能密闭；玻璃易碎，必要的地方应使用铁夹固定，铁夹的双钳内侧应贴有橡皮或绒布等，否则容易损坏仪器；用于固定铁夹的夹口应向上，以避免夹有玻璃仪器的铁夹滑脱。安装玻璃仪器时，切忌对玻璃仪器的任何部分施加过大的压力或扭歪。正确的实验装置既要合理实用，又要注意整齐美观。

1.3.3 玻璃仪器的洗涤、干燥和注意事项

1. 玻璃仪器的清洗

玻璃仪器用毕后应在冷却至室温时立即清洗，一般的清洗方法是将玻璃仪器和毛刷淋湿，蘸取肥皂粉或洗涤剂，洗刷玻璃器皿的内外壁，除去污物后用水冲洗。当洁净度要求较高时，可依次用洗涤剂、蒸馏水(或去离子水)清洗；也可用超声波振荡仪来清洗，切勿直接用手擦拭。

必须反对盲目使用各种化学试剂或有机溶剂来清洗玻璃器皿，这样不仅造成浪费，而且可能带来危险，对环境产生污染。

2. 玻璃仪器的干燥

实验所用的仪器，除必须清洗外，有时还要求干燥。干燥的方法有以下几种：

(1)晾干。是让残留在仪器内壁的水分自然挥发而使仪器干燥。一般是将洗净的仪器倒置在干净的仪器柜内或滴水架上，任其滴水晾干。属于这样干燥的仪器主要是需要干燥的容量仪器、加热烘干时容易炸裂的仪器，以及不需要将其所沾水完全排除以至恒重的仪器。

(2)热(冷)风吹干。洗净的仪器若亟须干燥，可用电吹风直接吹干，或倒插在气流烘干器上。若在吹风前先用易挥发的有机溶剂(如乙醇、丙酮、石油醚等)淋洗一下，则干得更快。

(3)加热烘干。如需干燥较多的仪器，可使用电热鼓风干燥箱烘干。将洗净的仪器倒置稍沥去水滴后，放入干燥箱的隔板上，关好门。控制箱内温度在 105 ℃左右，恒温烘干半小时即可。对可加热或耐高温的仪器，如试管、烧杯、烧瓶等还可利用加热的方法使水分迅速蒸发而干燥。加热前先将仪器外壁擦干，然后用小火烤干，烤干时注意不时转动以使仪器受热均匀。

仪器干燥时需注意带有刻度的计量仪器不能用加热的方法进行干燥，以免影响仪器的精度。刚烤烘完毕的热仪器不能直接放在冷的，特别是潮湿的桌面上，以免因局部骤冷而破裂。

3. 使用玻璃仪器的注意事项

(1)组装仪器之前，磨口接头部分应用洗涤剂清洗干净并擦干，以防止磨口对接不紧密，导致漏气。洗涤时，应避免使用去污粉等固体摩擦粉，以免损坏磨口。

(2)组装仪器时，应将各部分分别夹持好，排列整齐，角度及高度调整适当后，再进行组装，不能在角度偏差时进行硬性装拆，以免磨口连接处受力不均衡而折断。

(3)仪器使用后，应尽快清洗并分开放置。否则，容易造成磨口接头的黏结，难以拆开。对于带活塞、塞子的磨口仪器，活塞、塞子不能随意调换，应垫上纸片配套存放。

(4)常压下使用磨口仪器一般不涂润滑剂，以免沾污反应物或产物。但是，当反应中有强碱存在时，则应在磨口处涂抹润滑剂，以防止磨口连接处受碱腐蚀而黏结。

(5)如遇玻璃磨口接头黏结难以拆开时，可用木棒或实验桌边缘轻轻敲击接头处，使其松开。

(6)温度计的水银球玻璃很薄，易碎，使用时应小心。不能将温度计当搅拌棒使用；温度计使用后应先冷却再冲洗，以免破裂；测量范围不得超出温度计刻度范围。

1.3.4 其他仪器

1. 干燥箱

干燥箱是用来干燥玻璃仪器和药品的常用设备。实验室常用的干燥箱有普通干燥箱、恒温鼓风干燥箱(图 1.4)、真空干燥箱、红外干燥箱等。干燥箱的温度可通过电压调节控制，通常用于烘干玻璃仪器或无腐蚀性、无挥发性易燃物及加热时不分解的药品。烘干玻璃仪器时，应先尽量将仪器上的水沥干后自上而下依次放入，仪器烘干后要用洁净的干布包住后取出，以防烫伤。取出的热玻璃仪器自然冷却时常有水汽凝在壁上，取出后应先用气流烘干器的冷风吹冷后再用。

2. 气流烘干器

气流烘干器是一种用于快速烘干仪器的设备(图 1.5)。使用时，将仪器洗干净沥干，然后套在烘干器的多孔金属管上，调节加热模式。气流烘干器不宜长时间加热，以免烧坏电机和电热丝。

3. 循环水式真空泵

循环水式真空泵以循环水作为流体，利用射流产生负压原理而设计的一种多用途的真空泵(图 1.6)，它广泛用于蒸发、蒸馏、结晶、过滤、减压及升华等操作中。由于水可以循环使用，避免了直排水的现象，节水效果明显。它是实验室常用的减压设备，一般用于对真空度要求不高的减压体系中。真空泵抽气口最好接一个缓冲瓶，以免停泵时，水被倒吸入反应瓶中。应定期补充和定期更换水泵中的水，以保持泵的清洁和真空度。开泵前，应检查是否与体系接好，然后打开缓冲瓶上的旋塞。关泵时，先打开缓冲瓶上的旋塞，拆掉与体系的接口，再关泵，切忌以相反的顺序操作。

图 1.4　恒温鼓风干燥箱

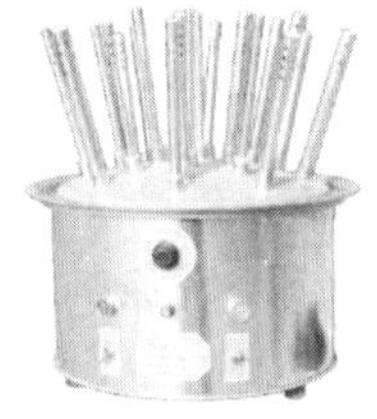
图 1.5　气流烘干器

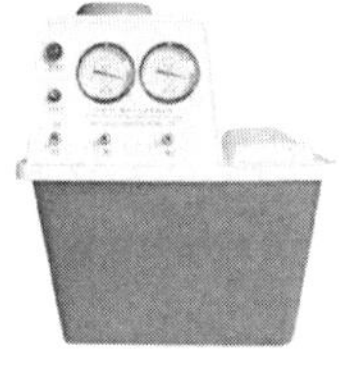
图 1.6　循环水式真空泵

4. 电热套

电热套(图 1.7)是用玻璃纤维包裹电热丝编织成套状的一种加热器，最高加热温度可达 400 ℃左右，有 50～3000 mL 各种规格和种类。电热套对有机反应加热或蒸馏有机物时，不易引起火灾，热效率也较高，是有机实验中一种较为安全的加热装置。使用时最好置于升降台(图 1.8)上，便于调整圆底烧瓶与热源的距离。应防止药品洒在加热套上，以免腐蚀电热丝或引发火灾。

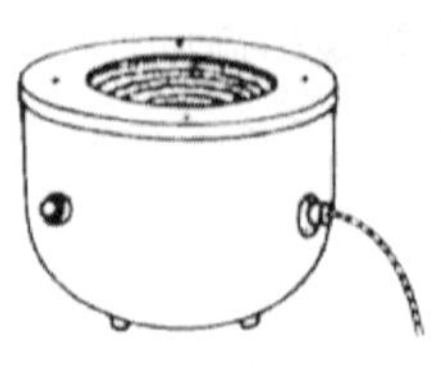
图 1.7　电热套

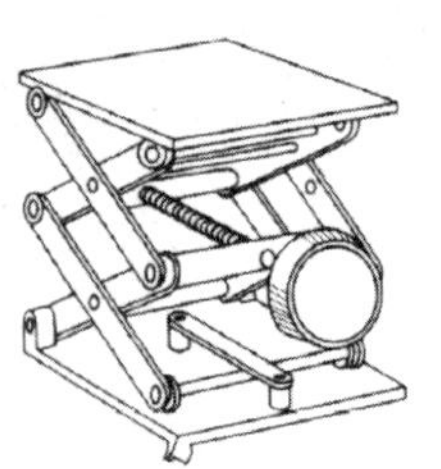
图 1.8　升降台

5. 旋转蒸发仪

旋转蒸发仪(图1.9)是现代有机化学实验常用的仪器之一,主要用于浓缩蒸发溶剂等液体。蒸发器旋转时,料液会附于瓶壁形成薄膜,从而增大蒸发面积,蒸发均匀,速度加快,产物不易分解。旋转蒸发仪由电机带动可旋转的蒸发器(圆底烧瓶)、加热器、冷凝器和接收器组成,可进行常压或减压操作,可一次进料,也可分批吸入料液。

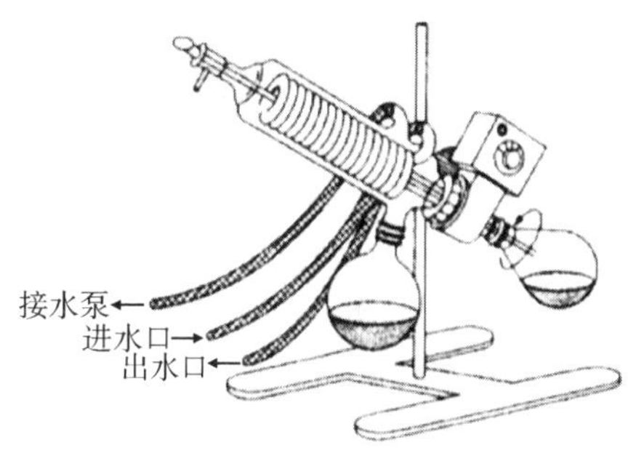

图1.9　旋转蒸发仪

6. 钢瓶

钢瓶又称高压气瓶,是一种在加压下贮存或运送气体的容器,通常有铸钢的、低合金钢的等。氢气、氧气、氮气、空气等在钢瓶中呈压缩气体状态,二氧化碳、氨、氯、石油气等在钢瓶中呈液化状态。乙炔钢瓶内装有多孔性物质(如木屑、活性炭等)和丙酮,乙炔气体在压力下溶于其中。为了防止各种钢瓶混用,全国统一规定了瓶身、横条以及标字的颜色,以兹区别。现将常用的几种钢瓶的标色摘录于表1.3中。

表1.3　我国常见气体钢瓶的颜色及其特征

气体名称	钢瓶颜色	瓶体字样	字体颜色	瓶上色环
氮气	黑	氮	黄	棕
氧气	天蓝	氧	黑	
氢气	深绿	氢	红	红
压缩空气	黑	压缩空气	白	
乙炔	白	乙炔	红	
氨气	黄	氨	黑	
二氧化碳	黑	二氧化碳	黄	

7. 金属器具

实验室常用的金属器具有水浴锅、普通天平、电子天平、铁架台、铁夹、铁圈、打孔器等。这些器具使用后应保持清洁,防止腐蚀生锈。

1.4　预习、实验记录和实验报告

有机化学实验是一门实践性的课程,是培养学生独立工作能力的重要环节。因此,要达到实验预期目的,做完每一次实验都有所收获,必须做到实验前预习,实验过程中做好实验记录,实验结束后认真进行总结,完成实验报告。

1.4.1　实验预习

实验预习是做好有机化学实验的重要环节。为了准确、有条不紊地完成实验,实验前必须做好充分的预习,并写好预习报告,做到心中有数。未进行预习的学生不能进行实验。预习不是抄书,应该学会抽提要点,理清头绪,合理安排进程。具体要求如下:

(1)明确实验目的和要求,弄清楚本实验做什么、怎样做、为什么这么做。

(2)明确实验原理,写出主反应及可能的副反应的反应式,计算理论产量。

(3)熟悉实验所需的仪器和药品。列出仪器名称、规格;根据实验内容从手册、参考书或其他文献资料中查出反应物和产物的物理常数,如分子量、性状、折光率、比重、熔点、沸点、溶解度等,在报告本上以表格的形式列出。

(4)画出主要反应及产物分离纯化装置图,并标明仪器名称、规格。

(5)写出操作步骤或实验流程,写出每步操作的目的及注意事项。根据实验内容,简单明了地写出整个实验步骤,如化合物可写结构式,用量用"g"及"mL",加热用"△",添加用"+",沉淀、气体用箭头表示等。

(6)对实验中可能出现的问题(包括安全和实验结果),要明确防范措施和解决办法。

(7)预先设计记录结果的表格,包括产品外观、产量、产率、熔点、沸点、折光率、比旋光度、纯度内容。

预习报告叙述要简明扼要,图示清晰全面,达到参照预习报告即可进行实验操作的程度。

1.4.2 实验记录

实验记录是实验的原始记载,是整理实验报告和研究论文的根本依据,同时也是培养学生严谨的科学作风和良好工作习惯的重要环节。实验记录必须真实、及时、准确、详细。"真实"就是根据自己的实验事实如实地记录实验中的情况,不做主观取舍。"及时"是指实验时要边做实验边记录,不得提前填写、事后回忆或臆造,也不要以零散纸张暂记再转抄。回忆或转抄容易造成漏记和误记,影响实验结果的准确性和可靠程度。"准确"要求对实验过程中的数据记录准确。"详细"要求对实验中的任何数据、现象以及实验操作中的各项内容都做详细记录。有些数据、内容宁可在整理总结实验报告时舍去,也不要因为缺少数据而浪费大量时间重新实验。记录应清楚、明白,不仅自己目前能看懂,而且在几十年后其他人也应该看得懂。如果记录有错误,不要擦除或用涂改液抹掉,应用笔轻轻画一横,并在旁边写上正确的信息和数据。

实验记录的内容通常应包括实验名称、实验目的、实验设计或方案、实验时间、实验材料、实验方法、实验过程、观察指标、实验结果和结果分析等内容,记录的内容应包括实验的全部过程,具体要求如下:

(1)实验项目名称和实验日期、室温、天气;

(2)仪器名称、规格、型号及装置图;

(3)药品生产厂家及生产日期、试剂的用量(量数)、相关理化常数;

(4)每一步操作的时间,相关操作细节和现象(开始时反应方式,热效应,温度变化,颜色变化,固体、气体的生成,酸碱的种类、浓度、用量,反应现象的记录等);

(5)产品的外观、产量、产率、测定的物理常数数据及光谱分析谱图;

(6)实验中的挫折及处理手段,可能的改进建议等。

实验记录必须做到详细、明确,字迹清楚、整洁。

1.4.3 实验报告

实验报告是根据实验记录对实验过程进行整理、总结，对实验中出现的问题从理论上加以分析和讨论，使直接的感性认识提高到理性思维阶段的必要步骤，也是完整的科学实验中不可缺少的重要组成部分。

实验报告书写的内容包括以下几个方面：

(1)实验目的(包括合成原理与主要实验技能训练两个方面)；

(2)反应原理和反应方程式(主反应及可能的副反应)；

(3)仪器和试剂(主要仪器的名称和规格；实验装置图；主要试剂及产物的理化常数，主要试剂用量及规格)；

(4)实验步骤或实验流程图与对应的实验记录(时间、操作、现象及注释)；

(5)数据记录与处理；

(6)结果和讨论(产物物理状态、产量、产率以及最后总结讨论)。

注：实验讨论是根据实验结果对实验过程进行评价、分析和总结，包括对实验现象进行讨论，对结果进行评价，对操作的经验教训和实验中存在的问题提出改进建议等相关方面内容。

以工业乙醇的蒸馏与分馏实验为例，实验报告参考格式如下：

工业乙醇的蒸馏与分馏

一、实验目的与要求

1. 熟悉和掌握蒸馏和分馏的基本原理、应用范围。

2. 学习安装仪器的基本方法。

3. 掌握常量法测定液体样品的沸点。

4. 掌握密度计的使用。

二、实验原理

1. 沸点

每种纯液态有机物在一定的压力下具有固定的沸点，当液态有机物受热时，蒸气压增大，待蒸气压达到大气压或所给定的压力时，即 $P_{蒸}=P_{外}$，液体沸腾，这时的温度称为液体的沸点。

2. 蒸馏

常压蒸馏是将液态物质加热到沸腾，变成蒸气状态，再把蒸气冷凝为液体的联合操作。常压蒸馏是分离和提纯液态有机物的常用方法。

如果将某液体混合物(内含两种以上的物质，这几种物质沸点相差较大，一般大于 30 ℃)进行蒸馏，那么沸点较低者先蒸出，沸点较高者后蒸出，不挥发的组分留在蒸馏瓶内，这样就可以达到分离和提纯的目的。

纯液态有机物在蒸馏过程中沸点变化范围很小(一般 0.5～1.0 ℃)。根据蒸馏所测定的沸程，可以判断该液体物质的纯度。也可利用常压蒸馏回收溶剂。

3. 分馏

普通蒸馏只能分离和提纯沸点相差较大的物质，一般至少相差 30 ℃才能得到较好的分离效果。对沸点较接近的混合物用普通蒸馏法就难以分开。在这种情况下，应采取分馏法来提纯该混合物。

分馏就是利用分馏柱来实现这"多次重复"的蒸馏过程。当混合物的蒸气进入分馏柱时，由于柱外空气的冷却作用，蒸气中高沸点的组分易被冷凝，所以冷凝液中就含有较多高沸点物质，而蒸气中低沸点的成分就相对增多。冷凝液向下流动时又与上升的蒸气接触，二者之间进行热量交换，使上升蒸气中高沸点的物质被冷凝下来，低沸点的物质仍呈蒸气上升；而在冷凝液中低沸点的物质则受热汽化，高沸点的物质仍呈液态。如此经多次的液相与气相的热交换，使得低沸点的物质不断上升最后被蒸馏出来，高沸点的物质则不断流回烧瓶中，从而将沸点不同的物质分离。一次分馏相当于多次蒸馏。

注：如为合成实验应该写出主反应、副反应方程式以及除杂原理、检测方法等。

三、实验药品与仪器

1. 药品：乙醇、沸石

主要试剂及产物的理化常数

名称	结构式	分子量	性状	相对密度	折光率	熔点/℃	沸点/℃	溶解度/g		
								水	醚	醇
乙醇	CH_3CH_2OH	46.07	无色透明液体	0.7890	1.3614	−114.1	78.3	∞	∞	∞

2. 仪器

圆底烧瓶(100 mL)、蒸馏头、温度计(100 ℃)、直形冷凝管、接液管、锥形瓶、电热套、铁架台、量筒(100 mL、25 mL)。

3. 实验装置

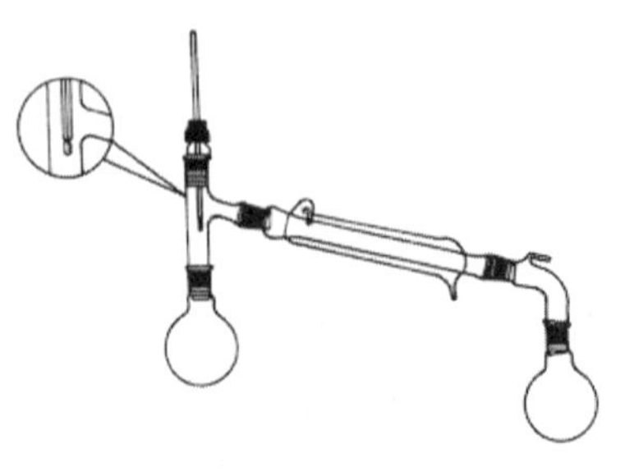

图1　普通蒸馏装置

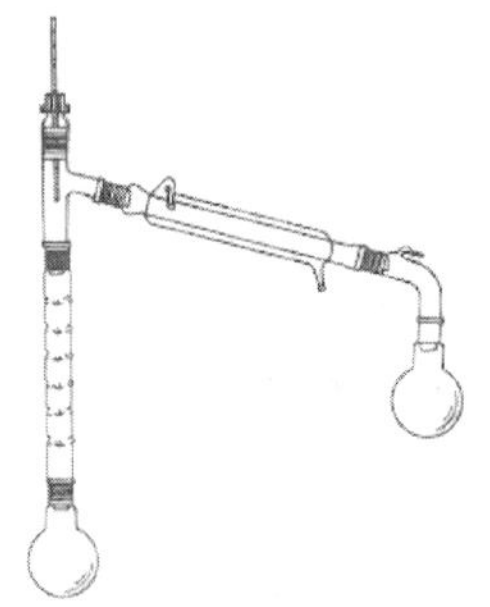

图2　普通分馏装置

注：图必须有名称，名称位于图下方，居中。

四、实验步骤

(一)蒸馏

时间	操作步骤	现象	备注
	1. 加料：将60 mL工业乙醇小心倒入蒸馏瓶中，按图组装好装置，检查气密性	工业乙醇为淡黄色有酒味液体，所有仪器的轴线在一个平面内，系统无漏气 混合液乙醇浓度为58.0%	组装顺序：先下后上，先左后右
	2. 加热：先通冷凝水，再打开电源按一定功率加热	当瓶内液体开始沸腾时，蒸气逐渐上升，当蒸气包围温度计水银球时，温度计读数急剧上升。蒸气进入冷凝管被冷凝为液体滴入接收瓶。在78.0 ℃(t_1)时第一滴馏出液出现	冷水自下而上，加热过程先快后慢
	3. 收集：温度恒定时收集馏液，温度再上升2 ℃时，即停止蒸馏	调节热源温度，控制蒸馏速度为每秒1～2滴为宜，保持温度计水银球上挂有液滴。当温度计读数恒定时，换一个干燥的锥形瓶作接收器，收集馏出液，记录温度78.5 ℃(t_2)。当温度升至80.5 ℃(t_3)时，停止蒸馏	停止蒸馏时应先停止加热，关掉冷却水，按安装仪器的相反顺序拆除仪器，并在冷却后清洗仪器
	4. 记录数据：测定馏出液的体积V_2，相对密度ρ_2，查询记录产品中乙醇的质量分数ω_2。计算回收率	获得无色透明、有酒味馏出液27.0 mL，测得乙醇浓度为85.0%	各馏分回收到指定瓶中

(注：实验中观察的都为现象，能用数字描述的尽量用数字，对产物的性状应该有记录。)

(二)分馏

要求同上，尤其注意观察温度变化，并与蒸馏过程对照。

五、实验数据处理

(一)蒸馏

1. 数据记录

	体积/mL	密度/(g·cm^{-3})	质量分数/%
工业乙醇	V_1	ρ_1	ω_1
馏液	V_2	ρ_2	ω_2

2. 数据处理

$$回收率=[(V_2\times\rho_2\times\omega_2)/(V_1\times\rho_1\times\omega_1)]\times100\%$$

(二)分馏

要求同上。

六、实验结果与讨论

1. 通过蒸馏与分馏，本实验得到如下结果：

	密度/(g·cm^{-3})	质量分数/%	回收率/%
蒸馏馏液	ρ_2	ω_2	
分馏馏液	ρ_3	ω_3	

2. 分析

由表可知，(1)蒸馏得到的溶液质量分数(　　)(填"低于"或"高于")分馏所得，说明哪一种方式分离效果更好？其原因是什么？

(2)从回收率看，(　　)(填"蒸馏"或"分馏")的回收率更高，主要原因是什么？

3. 讨论(自行分析，针对实验过程、实验结果进行讨论)

4. 回答思考题

七、撰写实验体会

1.5 有机化学文献简介

进行有机化学实验前，必须了解反应物和产物的物理常数和化学性质，合成方法、合成路线的选择，反应条件的控制及后处理步骤等，这就必须学会查阅化学手册和有关文献。文献按内容区分为一次文献、二次文献和三次文献。一次文献即原始文献，例如期刊、专利等。二次文献是对一次文献进行加工整理后产生的工具书，如书目、题录、简介、文摘等。三次文献为将原始论文数据归纳整理形成的综合资料，如综述、专题述评、学科年度总结、进展报告、数据手册等。通过研读这些文献，可以开阔眼界和思路，提高分析问题和解决问题的能力。

下面简述几种常用的有机化学文献。

1.5.1 三次文献

1. 百科全书类

(1)*Handbook of Chemistry and Physics*(CRC《化学物理手册》)

这是由美国化学橡胶公司出版的一部化学与物理工具书，1913 年出版第 1 版，几乎每年更新一次，目前已经出版了第 99 版。该书出版光盘版和网络版。

这是一本关于化学、物理及其相近学科数据资料最完整、最详细的手册。有机化学部分用表格简略地介绍化合物的理化资料，如分子量、熔点、沸点、相对密度、折光率、溶解度等。可以按化合物英文名称检索。

(2)*Lange's Handbook of Chemistry*(《兰氏化学手册》)

《兰氏化学手册》是一部资料齐全、数据翔实、使用方便的供化学及相关科学工作者使用的单卷式化学数据手册，自 1934 年第 1 版问世以来，一直受到各国化学工作者的重视和青睐。本书为综合性化学手册，内容包括综合数据与换算表、化学、光谱学和热力学性质共 11

部分，包括有机化合物，通用数据，换算表和数学，无机化合物，原子、自由基和键的性质，物理性质，热力学性质，光谱学，电解质、电动势和化学平衡，物理化学关系，聚合物、橡胶、脂肪、油和蜡及实用实验室资料等。复杂的化合物还给出结构式，并表示出化合物的核磁共振和红外光谱图的出处。

(3)*Beilsteins Handbuch der Organischen Chemie*(《贝尔斯坦有机化学手册》)

第 1 版于 1882 年编辑出版。手册基本上收集了所有已发表的有关有机物的文献资料数据，是收集有机化合物数据和资料十分权威的巨著。内容涉及化合物的结构、理化性质、衍生物的性质、鉴定分析方法、提取纯化或制备方法以及原始参考文献。

(4)《化工辞典》

《化工辞典》是中国影响力最大的中型化工专业工具书，王箴主编，由化学工业出版社出版发行，1999 年出版第 4 版。该辞典是一部综合性的化学化工工具书，包括化学及化工的名词 16000 多条，对所列出的化合物给出了分子式、结构式及基本物理化学性质和有关数据，还附有简要的制法和用途说明。

2. 有机化学丛书

(1)*Organic Synthesis*

本书于 1921 年开始出版，每年 1 卷。本书是一套详细介绍有机合成反应操作步骤的丛书，主要介绍各种有机化合物的制备方法，每个反应都经过至少两个实验室重复验证通过，内容可信度极高。所选实验步骤叙述非常详细，对一些特殊的仪器、装置往往是同时用文字和图形来说明，在注解中详细说明了操作时的注意事项。最吸引人的是后面的注释，详细说明操作时应该注意的事项及解释为何如此设计、不当操作可能产生的副产物等。另外，本书每十卷有合订本(collective volume)，卷末附有分子式、反应类型、化合物类型、主题等索引，其中 1～30 卷合订本有中文译本。

(2)*Organic Reactions*

本书是一套介绍著名有机反应的综述丛书。自 1942 年开始出版，刊期并不固定，2005 年已出版到第 65 卷。本书主要介绍有机化学中有理论价值和实际意义的反应，内容描述极为详尽，包括前言、历史介绍、反应机理、各种反应类型、应用范围和限制、反应条件和操作程序、总结。每章有许多表格，刊载各种研究过的反应实例，并附有大量参考文献。

(3)《有机合成实验室手册》

本书由化学工业出版社于 2010 年 6 月出版。主要介绍有机化学基本原理，有机合成实验技术，有机化合物的合成及鉴定，有机化学文献，实验报告的写作方法，常用试剂、溶剂及辅助试剂的性质、纯化和制备，重要化学品的毒性。

1.5.2　二次文献

在众多的文摘性刊物中以《美国化学文摘》(*Chemical Abstracts*，CA)最为重要，CA 是提供检索途径最多、涉及学科领域最广、收集文献类型最全的世界性检索工具，报道了全世界 200 多个国家和地区 60 多种文字出版的 20000 多种化学及化学相关的期刊。索引种类齐全，使用非常方便，是最重要的化学文献检索工具。

1.5.3 一次文献

1. 中文期刊

与化学有关的中文期刊非常多,比较有名的期刊多由中国化学会、中科院、教育部或几所重点大学主办,重要的有《中国科学 B(化学专辑)》《化学学报》《高等学校化学学报》《有机化学》《化学通报》等。

(1)《中国科学 B(化学专辑)》

由中国科学院主办,主要反映我国化学学科各领域重要的基础理论方面的创造,目前为 SCI 收录刊物。

(2)《化学学报》

由中国化学会主办,主要刊登化学学科基础和应用基础研究方面的创造性研究论文的全文、简报和快报。目前为 SCI 收录刊物。

(3)《高等学校化学学报》

由教育部主办,刊登我国化学学科各领域创造性的研究论文的全文、研究简报和研究快报。目前为 SCI 收录刊物。

(4)《有机化学》

由中国化学会主办,主要刊登我国有机化学领域的创造性的研究综述、论文全文、简报和快报。

(5)《化学通报》

《化学通报》由中国化学会、中科院化学所联合主办,所刊登论文主要反映国内外化学及交叉学科的进展。

2. 外文期刊

(1)*Angewandte Chemie*, International Edition(《应用化学》,国际版)

由德国化学会主办。主要刊登覆盖整个化学学科研究领域的高水平研究论文和综述文章,是目前化学学科期刊中影响因子最高的期刊之一。

(2)*Journal of the Chemical Society*(《英国化学会会志》)

由英国皇家化学会主办,为综合性化学期刊。*Perkin Transactions* 的Ⅰ和Ⅱ分别刊登有机化学、生物有机化学和物理有机化学方面的全文。

(3)*Journal of the American Chemical Society*(《美国化学会志》)

由美国化学会主办,发表所有化学学科领域高水平的研究论文和简报,是世界上最有影响的综合性化学期刊之一。

(4)*Journal of Organic Chemistry*(《有机化学杂志》)

由美国化学会主办,主要刊登涉及整个有机化学学科领域高水平的研究论文的全文、短文和简报。全文中有比较详细的合成步骤和实验结果。

(5)*Tetrahedron*(《四面体》)

由英国牛津培格曼出版社出版,主要刊登有机化学各方面的最新实验与研究论文。

(6)*Tetrahedron Letters*(《四面体快报》)

由英国牛津培格曼出版社出版,主要刊登有机化学家感兴趣的通讯报道,包括新概念、新技术、新结构、新试剂和新方法的简要快报。

1.5.4 网上资源

随着互联网技术的发展，通过互联网查找有关资料变得非常方便、迅速。这里简单介绍几个常用数据库。

(1)中国国家图书馆：http://www.nlc.cn/

(2)中国知网期刊全文数据库：http://www.cnki.net/

(3)中国专利信息网：http://www.patent.com.cn/

(4)数据库资源

中国化学会：http://www.chemsoc.org.cn/

美国化学会：http://www.pubs.acs.org/

英国皇家化学会：http://www.rsc.org/

中国试剂网：http://www.reagent.com.cn/

有机化合物数据库：http://www.colby.edu/chemistry/cmp/cmp.html

上海有机化学研究所化学综合数据：http://202.127.145.134/scdb/

第2章　有机化学实验基本操作

一个有机化学合成实验大体上可分为合成反应、产物分离提纯和产品检验三个过程。合成反应只需要根据原料的物化性质去选择加料方式、加料比以及合适的反应温度与反应时间等;产物的分离提纯则需要根据产物的物化性质把目标产物从反应混合物中分离出来;产品检验是检测产物的纯度以及确认得到的产物是否是目标产物。其中,产物分离提纯过程比合成反应过程更为复杂,需要熟悉有机化合物的常规分离提纯技术。分离提纯是有机化学实验技能训练的主要内容,包括重结晶、蒸馏、分馏、水蒸气蒸馏、减压蒸馏等基本操作和过滤、萃取、洗涤、干燥、薄层分离等基本实验技术。本章主要介绍这方面的基础知识。

2.1　有机化学反应的实施方法

反应温度是有机化学实验重要的操作条件,直接影响反应速率、反应产率和副反应等问题,对实验的成败至关重要,故必须掌握各种加热和冷却方法,以便正确地控制反应温度。

2.1.1　加热

一般情况下,化学反应的速率随温度的升高而加快。大体上反应温度每升高 10 ℃,反应速率就会增加一倍。大多数有机化学反应在室温下反应速率很慢,因此为了增加反应速率,除使用合适的催化剂外,常采用加热的方法。此外,有机化学实验的许多基本操作如蒸馏、回流、溶解、重结晶等都需要加热。实验室常用的加热器具有煤气灯、酒精灯、电热套和封闭电炉等,实验中常常根据具体情况采用不同的加热方式。

1. 空气浴

沸点在 80 ℃以上的液体均可采用空气浴加热。空气浴是让热源将局部空气加热,空气再把热能传导给反应容器。最简单的空气浴是利用煤气灯隔着石棉网对容器加热,但受热不均匀,不适用于加热易燃液体或减压蒸馏。电热套是比较好的空气浴装置,能从室温加热到 200 ℃左右。安装电热套时,要使反应瓶外壁与电热套内壁保持 1～2 cm 的距离,以防止局部过热。

2. 水浴

适用于沸点在 80 ℃以下易挥发、易燃有机液体的加热。水浴锅一般为铜制或铝制,靠淹没的电热盘管加热浴液,由调压器调节加热温度。水浴锅的盖子是由一组直径递减的同心圆环组成的,可以有效地减少水分的蒸发。

水浴加热均匀，温度易控制，适合于低沸点物质的加热和回流。当加热少量的低沸点物质时，也可用烧杯代替水浴锅。如果加热温度稍高于 100 ℃，则可选用合适的无机盐类饱和溶液作为热浴液，它们的沸点列于表 2.1 中。

表 2.1　某些无机盐饱和溶液的沸点

盐类	饱和溶液的沸点/℃
NaCl	109
$MgSO_4$	108
KNO_3	116
$CaCl_2$	180

3. 油浴

加热温度在 100～250 ℃范围时，可以使用油浴，也可以用电热套加热。油浴加热的优点是使反应物受热均匀。油浴所能达到的最高温度取决于所用油的种类。常用的油浴液有液体石蜡（石蜡油）、固体石蜡、甘油、植物油和硅油。液体石蜡能加热到 220 ℃，温度再高时并不分解，但较易燃烧。固体石蜡也可以加热到 220 ℃左右，冷却到室温时凝成固体，保存方便。甘油可加热到 140～150 ℃，温度过高则分解。植物油常用的有菜籽油、蓖麻油和大豆油等，可以加热到 220 ℃，常加入 1%对苯二酚等抗氧化剂，便于长期使用。硅油和真空泵油在 250 ℃以上时较稳定，透明度好，但价格较昂贵。

用油浴加热时，油浴中应放置温度计（温度计不要碰到油浴锅底），以便随时观察和调节温度。此外，还应注意不要把水溅入油浴锅内，以免产生泡沫或暴溅。

4. 沙浴

加热温度在 250～350 ℃时应采用沙浴。通常将清洁且干燥的细沙装在铁盘中，把反应容器半埋在沙中，加热铁盘。由于沙浴温度分布不均匀，且传热慢，散热快，因而温度上升慢，使用范围有限。

5. 其他加热方法

除了以上介绍的几种常用的加热方法外，还可用熔盐浴、金属浴（合金浴）、电热法等，应根据实验需要和实验条件选择使用。

2.1.2　冷却

有一些反应会产生大量的热，需要降温来控制反应速率，有些反应的中间产物室温下不稳定，如硝化反应、重氮化反应；蒸气的冷凝、结晶的析出也常需要冷却，在操作中需使用制冷剂来降低系统温度。冷却剂的选择应根据冷却时所需要的温度和吸收的热量来决定。

水是常用的冷却剂，价廉且热容量高；如要把反应物冷却到 0 ℃或以下，可用冰-水混合物、冰-盐混合物；把干冰加入有机溶剂中，如与乙醇、乙醚、丙酮混合，可冷至－100～－78 ℃；液氮可冷至－196 ℃，使用时注意不要被冻伤。常用冷却剂及其最低温度参见表 2.2。

表 2.2 常用冷却剂

冷却剂	最低冷却温度/℃	冷却剂	最低冷却温度/℃
冰-水	0	77 g 乙醇+73 g 碎冰	−30
30 g NH_4Cl+100 g 水	−3	干冰(过量)-乙醇	−72
100 g $NaNO_3$+100 g 水	−12	干冰	−78
1 g NaCl+3 g 碎冰	−20	液氮+乙酸乙酯	−84
66 g NaBr+100 g 碎冰	−28	干冰(过量)-乙醚	−100
3 g 粉状 $CaCl_2$+2 g 碎冰	−50	液氮	−196

需要注意的是，在低于−38 ℃时，不能用水银温度计，需使用有机液体如乙醇、正戊烷等制成的低温温度计。

2.1.3 干燥

除去固体、液体或气体内少量水分的方法称干燥。有机实验中几乎所做的每一步反应都会遇到试剂、溶剂和产品的干燥问题，所以干燥是实验室中很普通但又很重要的一项操作。如果试剂和产品不进行干燥或干燥不完全，将直接影响有机反应、定性分析、定量分析、波谱分析和物理常数测定的结果。

干燥方法可分为物理方法与化学方法两种。物理方法有吸附(包括离子交换树脂法和分子筛吸附法)、共沸蒸馏、分馏、冷冻、加热和真空干燥等，化学方法根据脱水作用可分为两类：①能与水可逆性结合，形成水合物，如硫酸镁、氯化钙等；②与水发生不可逆的化学反应，生成新的化合物，如金属钠、氧化钙、五氧化二磷。下面按有机物的物理状态介绍各种干燥的方法和实验操作。

1. 固体有机化合物的干燥

干燥固体有机化合物最简便的方法就是将其摊开在表面皿或滤纸上自然晾干，这只适合于非吸湿性化合物。如果化合物热稳定性好，且熔点较高，可将其置于烘箱中或在红外灯下进行烘干处理。对于那些易吸潮或受热时易分解的化合物，则可置于干燥器中进行干燥。

红外灯干燥要求干燥的温度低于晶体的熔点，干燥时要翻动固体，防止结块。对于常压下易升华或热稳定性差的晶体不能用红外灯干燥。烘箱用来干燥无腐蚀性、无挥发性、加热不分解的物品，切忌将易挥发、易燃、易爆物放在烘箱内烘烤，以免发生危险。普通干燥器一般适用于保存易潮解或升华的样品，但干燥效率不高，所费时间较长。干燥剂通常放在多孔瓷板下面，待干燥的样品用表面皿或培养皿装盛，置于瓷板上面，所用干燥剂由被除去溶剂的性质而定。真空干燥器比普通干燥器干燥效率高，但这种干燥器不适用于易升华物质的干燥。冷冻干燥，是使有机物的水溶液或混悬液在高真空的容器中，先冷冻成固体状态，然后利用冰的蒸气压力较高的性质，使水分从冰冻的体系中升华，有机物即成固体或粉末。对于受热时不稳定物质的干燥，该方法特别适用。

2. 液体有机化合物的干燥

液体有机物的干燥常常先采用萃取、吸附、蒸馏等分离手段除去大部分水分，再采取化学干燥法除去剩余的水分，干燥前需要了解干燥剂的特性和性能及使用的注意事项。

当选用与水可逆结合生成水合物的干燥剂时，应注意几个问题：①干燥剂不与有机化合物发生化学反应或催化反应，干燥剂应不溶解于被干燥的物质中。②干燥剂形成水合物达到平衡需要一定时间，加入干燥剂后，要放置 1～2 h 或者更长时间。③温度升高使平衡向脱水方向移动，因此干燥通常在室温下进行，蒸馏前必须将干燥剂滤除。④掌握好干燥剂的用量。若用量不足，水分不能完全被吸附，不能达到干燥的目的；若用量太多，则由于干燥剂可能吸附被干燥物质而造成液体的损失。常用有机物干燥选用的干燥剂见表 2.3。

表 2.3　常用有机物干燥选用的干燥剂

化合物类型	干燥剂
烃	$CaCl_2$、Na、P_2O_5
卤代烃	$CaCl_2$、$MgSO_4$、NaCl、KNO_3、Na_2SO_4、P_2O_5
醇	K_2CO_3、$MgSO_4$、CaO、Na_2SO_4
醚	$CaCl_2$、Na、P_2O_5
醛	$MgSO_4$、Na_2SO_4
酮	K_2CO_3、$CaCl_2$、$MgSO_4$、Na_2SO_4
酸、酚	$MgSO_4$、Na_2SO_4
酯	$MgSO_4$、Na_2SO_4、K_2CO_3
胺	KOH、NaOH、K_2CO_3、CaO
硝基化合物	$CaCl_2$、$MgSO_4$、Na_2SO_4

使用干燥剂时还要考虑干燥剂的干燥能力，即吸水容量、干燥效能和干燥速率。吸水容量是指单位质量干燥剂所吸收的水量。干燥效能是指达到平衡时液体干燥的程度。对于能形成水合物的无机盐干燥剂，常用吸水后结晶水的蒸气压表示。例如，硫酸钠吸水形成含 10 个结晶水的水合物，式量比为 142/(18×10)＝1/1.27，即 1 g 硫酸钠最多能吸 1.27 g 水，其吸收水容量为 1.27。氯化钙能形成 $CaCl_2\cdot 6H_2O$，其吸水容量为 0.97。两者在25 ℃时水蒸气压分别为 0.26 kPa、0.04 kPa。即硫酸钠吸水容量大但干燥效能弱；氯化钙的吸水容量虽然较小，但干燥效能强。干燥操作时应根据除去水分的要求而选择合适的干燥剂。常用干燥剂的性能与应用范围见表 2.4。

表 2.4　常用干燥剂的性能与应用范围

干燥剂	吸水后产物	吸水容量	干燥性能	干燥速率	应用范围
五氧化二磷	H_3PO_4	—	强	快	醚、烃、卤代烃、腈中痕量水分，不适用于醇、酸、胺、酮
金属钠	NaOH 和 H_2	—	强	快	醚、烃类中痕量水分，切成小块或压成钠丝使用
分子筛	物理吸附	0.25	强	快	适于各类有机化合物的干燥
硫酸钙	$2CaSO_4\cdot H_2O$	0.06	强	快	常与硫酸镁配合，做最后干燥

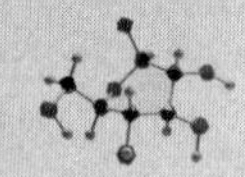

续表

干燥剂	吸水后产物	吸水容量	干燥性能	干燥速率	应用范围
氯化钙	$CaCl_2 \cdot nH_2O$	0.97	中等	较快	不能用来干燥醇、酚、胺、酰胺，某些醛、酮及酸
氢氧化钾	溶于水	—	中等	快	弱碱性，用于胺及杂环等碱性化合物的干燥，不能干燥醇、醛、酮、酯、酸、酚等
碳酸钾	$K_2CO_3 \cdot \frac{1}{2}H_2O$	0.2	较弱	慢	弱碱性，用于醇、酮、酯、胺等碱性化合物的干燥，不适用于酸、酚及其他酸性化合物
硫酸镁	$MgSO_4 \cdot nH_2O$	1.05	较弱	较快	中性，可代替氯化钙，也可用于酯、醛、酮、腈、酰胺等类化合物

操作时，一般先投入少量干燥剂到液体中，进行振摇。如出现干燥剂附着器壁或相互黏结，则说明干燥剂用量不够，应再添加干燥剂；如果放置后大部分干燥剂棱角分明，摇动时旋转并悬浮，表明用量足够。必要时可以先加入吸水量大的干燥剂，过滤后再用干燥效能强的干燥剂干燥。一般干燥剂的用量为每 10 mL 液体加入干燥剂 0.5～1.0 g。如液体干燥前呈浑浊状，经干燥后变成清澈透明，表明干燥基本合格。已干燥的液体通过置有折叠滤纸或小团脱脂棉的漏斗将干燥剂过滤除去。

3. 气体的干燥

在有机化学实验中常用气体有 N_2、O_2、H_2、Cl_2、NH_3、CO_2 等。有时要求气体中含有很少或几乎不含 CO_2、H_2O 等，此时需要对上述气体进行干燥。干燥气体常用干燥管、干燥塔、洗气瓶等，干燥气体常用的干燥剂列于表 2.5 中。

表 2.5 常用气体干燥剂

干燥剂	可被干燥的气体
碱石灰、氧化钙、氢氧化钠	NH_3
无水氯化钙	H_2、HCl、N_2、O_2、CO_2、SO_2，低级烷烃、醚、烯烃、卤代烃
五氧化二磷	H_2、N_2、O_2、CO_2、SO_2，低级烷烃、烯烃
浓硫酸	H_2、HCl、N_2、O_2、CO_2、SO_2

2.2 有机化合物物理常数的测定

2.2.1 熔点的测定

固体化合物的熔点是指在标准大气压下，固体化合物受热熔化转变为液体，当固、液两相达到平衡状态时的温度。大多数晶体有机物都具有固定的熔点，且绝大多数在 300 ℃以下，较易测定。但在实际测定过程中，有机化合物从开始熔化到完全熔化存在一个温度区间，这个温度区间叫熔程，也叫熔距或熔点范围。纯净的化合物熔程一般不超过 0.5 ℃。当化合物含有杂质时，其熔点往往较纯净物熔点低，且熔程变长。因此，通过测定熔点可以估测化合物的纯度。

1. 基本原理

化合物的熔点可借助于相图说明。在一定的温度和压力下，将某一化合物的固、液两相放在同一容器中，这时可能会出现三种情况：固相迅速转化为液相，液相迅速转化为固相，固液两相共存（固液共存的温度即熔点）。在某一温度下，固、液两相的比例可由该化合物的蒸气压与温度的曲线（相图）关系判断。蒸气压大的相相对于蒸气压小的相所占的比例高。图 2.1(a)表示固相的蒸气压和温度的关系，图 2.1(b)表示液相的蒸气压和温度的关系，将图(a)和(b)两曲线加和即得图(c)曲线，两曲线相交于 M 点，固液两相在该点可以共存，此时的温度 T 即为该化合物的熔点（melting point，缩写为 m.p），这是纯净化合物有固定而敏锐的熔点的原因。

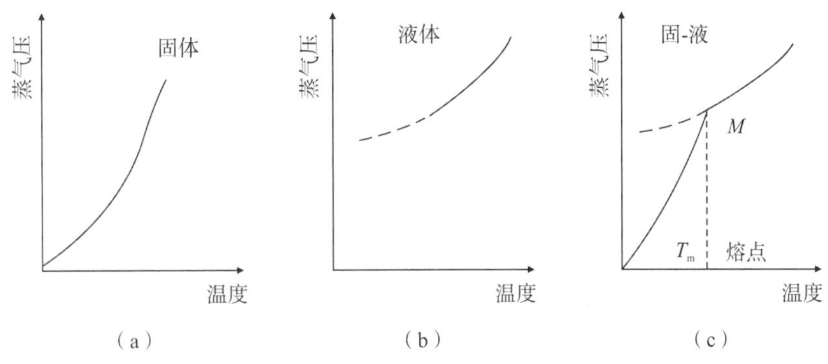

图 2.1　蒸气压和温度的关系曲线

大多数有机化合物的熔点不是通过相图确定的，实际工作中多采用毛细管法测定，观测固体开始熔化到完全熔化的温度，即熔程，这个熔程即该化合物的熔点范围。

2. 熔点的测定

(1)Thiele 管毛细管法

①仪器装置

熔点测定装置很多，目前实验室常用 Thiele 管，见图 2.2。

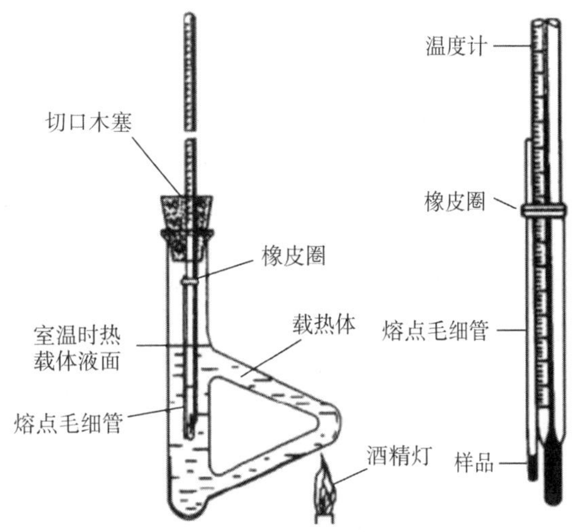

图 2.2　Thiele 管测定熔点装置

将 Thiele 管（又称 b 形管或熔点测定管）夹在铁架台上，管内装入热浴液体，液面稍高于侧管，管口配一带缺口单孔软木塞，中孔插入温度计，并使其刻度面向软木塞缺口，将装好样品的熔点管用橡皮圈紧固在温度计上，样品部分应靠在温度计水银球中部。温度计插入 Thiele 管中，其深度以汞球恰好在两侧管的中部为宜。加热时，火焰与

Thiele 管的倾斜部分接触，受热溶液沿管向上运动，从而促使整个 Thiele 管内溶液呈对流循环，保证温度均匀。

②样品的填装

取 0.1～0.2 g 已烘干的样品，放在干净的表面皿或玻璃片上，用玻璃棒研磨成粉末，并集成一堆，将熔点管的开口插入样品堆中，然后把开口一端向上，通过直立于表面皿上的直形玻璃管或冷凝管自由落下，重复几次，使样品紧密集结于熔点管底部，填充高度 2～3 mm。操作要迅速，避免样品吸潮。装入的样品要结实，如果有空隙，受热时传热不均匀，会影响测定结果。

③熔点的测定

熔点测定的关键之一是加热速率，为了顺利而准确地测出熔点，对于未知样品可先用较快的加热速率粗略测定一次，得出大致的熔点范围，然后更换一根样品管再做精密的测定。开始时加热速度较快(4.0～5.0 ℃/min)，当距熔点约 10 ℃时，调小火焰，缓慢地加热(1.0～1.5 ℃/min)，越接近熔点，加热速度越慢。注意观察和记录样品是否有坍塌、萎缩、变色或分解现象。当观察到样品外围出现小滴液体(开始变透明时)，即为初熔温度；当固体样品刚刚消失变为透明液体时，为全熔温度。熔化过程见图 2.3。

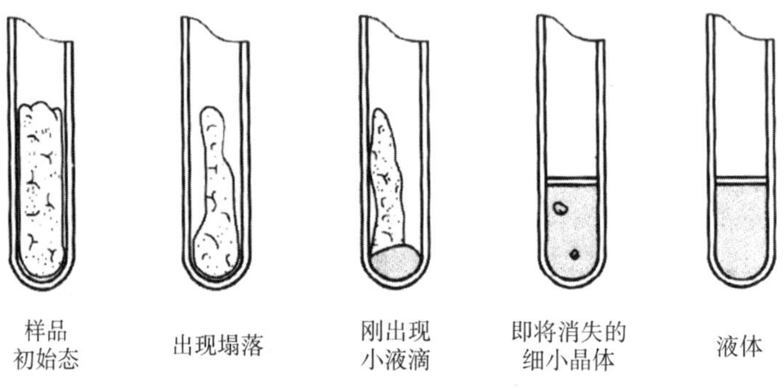

图 2.3　熔化过程

每次测定后，进行下一次测定时，浴液温度至少降低 30 ℃后方可重新开始。

Thiele 管熔点测定法的缺点是：浴液内因无搅拌，上下温差大；火焰受外界空气的影响难以控制，熔点测定误差大。

(2)WRS-1b 数字熔点仪测熔点

WRS-1b 数字熔点仪见图 2.4。开启电源开关，按屏幕提示设置起始温度，按回车键，光标移至速率处，设置速率。设置完毕按下“预置”键，自动进入控温状态。当温度稳定在预置的起始温度时，仪器会发出提示音，此时可以将装有测试样粉的毛细管插入加热炉中，按下“升温”键，开始测试，测试结束后(发出蜂鸣叫)，屏幕自动显示样品的初熔值和终熔值，取出毛细管，待炉温重新稳定可测量下一个样品。测试结束后，取出毛细管，记录实验数据，按“预置”键调节起始温度为 50 ℃，待炉温稳定在 50 ℃时，关闭电源。为了消除毛细管及样品填装带来的偶然误差，待测样品最好一次装 5 根毛细管，分别测定后除去最大值和最小值，取中间 3 个读数的平均

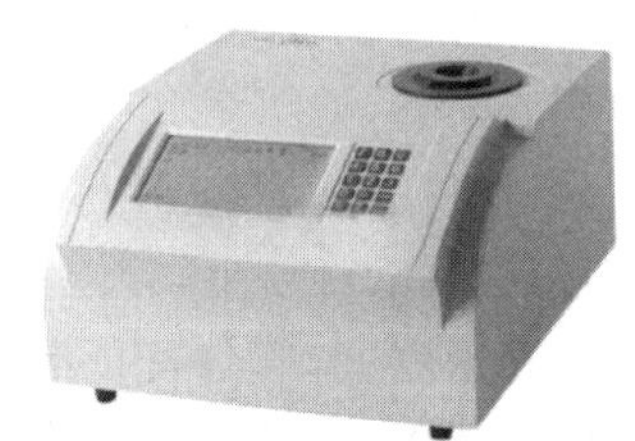

图 2.4　WRS-1b 熔点测定仪

值作为测定结果。

用自由落体法击毛细管使样品填装结实，样品填装高度为 3 mm，同一批样品高度要一致，以确保测量结果的一致性；设定起始温度切勿超过仪器使用范围（<300 ℃）。使用熔点测定仪的优点是可以仔细观测并可以测定高熔点化合物。应该注意的是必须等待温度下降到一定程度时方可进行下一个样品的测量。

2.2.2 沸点的测定

1. 基本原理

将液体加热，它的蒸气压就随着温度升高而增大，当液体的蒸气压增大到与外界施于液面的总压力相等时，液体的蒸发速度明显加快，大量气泡从液体内部逸出，这种现象叫作沸腾，此时的温度即为该液体在此大气压下的沸点。例如在 101.3 kPa 压力下水的沸点为 100 ℃。

液体的沸点与外界的压力有关，外界压力不同，液体的沸点也不同。通常所说的沸点是指标准大气压下的液体沸腾温度。纯净物的沸点是固定的，通过沸点的测定，可以初步判断液体的纯度。

通常用蒸馏或分馏的方法来测定液体的沸点。但是若仅有少量试料，用微量法测定可以得到较满意的结果。这里介绍微量法测定液体沸点的方法。

2. 微量法测定液体

（1）安装沸点测定装置

沸点测定管由内管和外管组成。外管是一根长 6～8 cm，内径为 0.5～4.0 mm 的小试管；内管为一端封口的毛细管，内径 1.0 mm，也可以直接使用毛细熔点管。毛细管封口在上倒插入待测液中，把该玻璃管用橡皮圈固定于温度计上，小试管底部位于水银球中部(图 2.5)。

（2）沸点的测定

向外管中加入被测液体，液柱高度约为 1 cm，插入内管，把该玻璃管用橡皮圈固定于温度计上，插入加有液体石蜡的 b 形管中，以每分钟 4～5 ℃的速度加热升温，随着温度升高，待测液体分子汽化增快，可看到内管中有小气泡冒出。当温度到达比沸点稍高时就有一连串的小气泡从内管冒出，此时停止加热，温度开始下降，气泡逸出的速度渐渐减慢(图 2.6)，在气泡不再冒出而液体刚刚要进入内管的瞬间(此时毛细管内蒸气压与外界相同)，记下该温度，此温度即为该液体的沸点。另取一根沸点管，重新放回样品管中，重复操作。两次测量误差应小于 1 ℃。

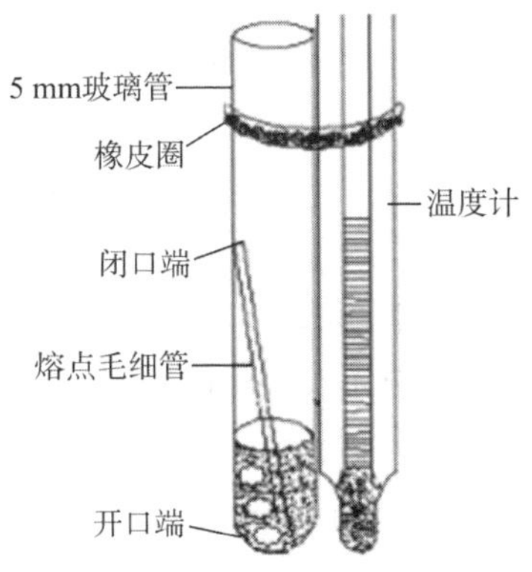

图 2.5　微量法测定沸点装置

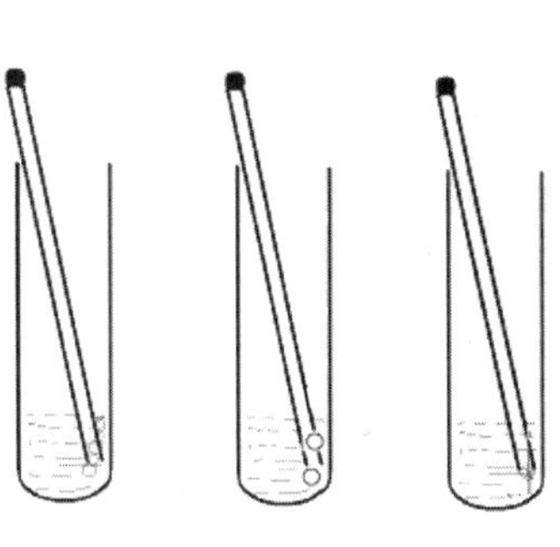

图 2.6　沸点测定过程现象

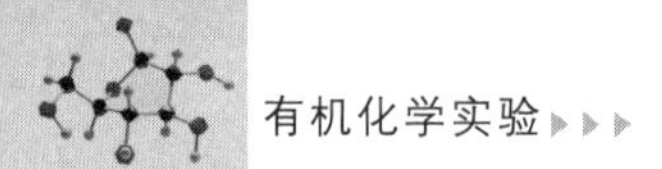

2.2.3 折射率的测定

1. 基本原理

光在两种介质中的光速是不同的，光线从 A 介质进入 B 介质，光在分界面上发生传播方向的改变即折射现象。根据折射定律，波长一定的单色光在一定的外界条件（温度、压力等）下，从介质 A 进入介质 B 时，入射角 α 和折射角 β 的正弦之比与两种介质的折射率 N 和 n 成反比：

$$\sin\alpha/\sin\beta = n/N$$

当介质 A 为真空时，$N=1$，n 为介质 B 的绝对折射率，则有

$$n = \sin\alpha/\sin\beta$$

当介质 A 为空气时，$N_{空气}=1.00027$，则

$$\sin\alpha/\sin\beta = n/N = n/1.00027 = n'$$

n'为介质 B 的相对折射率，n 与 n'相差不大，因此通常用在空气中测得的折射率作为该介质的折射率，但是在精密的工作中，对两者应加以区别。

折射率与物质的结构、光线的波长及温度、压力等因素有关。使用单色光要比白光测得的折射率精确。一般温度升高（或降低）1 ℃时，液体化合物的折光率就减少（或增加）$3.5\times10^{-4}\sim5.5\times10^{-4}$，所以表示折射率时需注明使用的光线和测定时的温度。常用 n_D^{20} 表示，“D”表示钠光源，“20”表示测试温度为 20 ℃。

折射率是有机化合物最重要的物理常数之一，它能精确而方便地测定出来。作为液体物质纯度的标志，它比沸点更为可靠。利用折射率，可鉴定未知化合物，也可以确定液体混合物的组成。如蒸馏和分馏时，结合沸点，折射率可作为划分馏分的依据。

2. 阿贝折射仪

如果介质 A 对于介质 B 是疏物质，即 $n_A<n_B$时，则折射角 β 必小于入射角 α；当 $\alpha=90°$时，$\sin\alpha=1$，折射角 β 达到最大值，称为临界角，用 β_0 表示。

$$n = 1/\sin\beta_0$$

可通过测定 β_0来得到折射率。阿贝折射仪（图 2.7）就是基于上述光学原理。

为了测定 β_0的值，阿贝折射仪设计了“半明半暗”的方法，即让光线由 0°～90°的所有角度从 A 介质射入 B 介质，此时 B 介质的临界角以内的全部区域均有光线通过，因此是明亮的；而临界角以外的整个区域均没有光线通过，故而是暗的，明暗界线十分清晰。这时在介质 B 上用目镜观察，就可以观测到一个界线十分清晰的半明半暗图像。

由于各种液体的折射率不同，故临界角也就不同，目镜中明暗两区的界线位置也不同。如在目镜上刻上一个十字交叉线，改变介质 B 与目镜的相对位置，即旋转折射仪的刻度盘使每次明暗两区的界线总是与十字交叉线重合，通过测定其相对位置，并经过换算就可以得到折射率。阿贝折射仪标尺上的刻度即为换算后的折射率，可直接读数，且仪器有消色散装置，所以可以直接用日光或白炽灯光，其测得的数值与用钠光线测得的相同。

3. 折射率测定

（1）校正。阿贝折射仪经校正后才能做测定用。其校正方法是：取出仪器，置于清洁干净的台面上，先与恒温槽相连接，安装好温度计，待恒温后，开启下面棱镜，用擦镜纸蘸少量

乙醇或丙酮轻轻擦洗上下镜面，待乙醇或丙酮挥发后进行校正。加 1～2 滴蒸馏水于镜面上，锁紧棱镜，调节反光镜使镜内视场明亮，转动棱镜直到镜内观察到有界线或出现彩色带；若出现彩色光带，则转动色散调节器，使明暗界面清晰，再转动左面刻度盘使界线恰巧通过十字交叉点。记录读数与温度，重复两次测出蒸馏水的平均折射率，然后与纯水的标准值比较，求得折光仪的校正值。校正值一般很小，若校正值太大时，整个仪器必须重新校正。

(2)测定。校正后，用滴管把 2～3 滴待测液体均匀地滴在磨砂面棱镜上，如果待测液挥发性太大，则可以从棱镜的加液槽滴入。要求液体无气泡并充满视场。关紧棱镜，转动反射镜，使视场最亮，轻轻转动消色调节器，至看到一个明晰分界线。转动刻度盘，使分界线对准十字交叉点，如图 2.8 所示，读出折射率。为了使读数准确，一般应将试样重复测量 3 次，每次相差不得大于 0.0002，然后取平均值。测量完毕，打开棱镜并用擦镜纸擦净镜面。

折射仪不能放在阳光直射或靠近热源的地方，以免样品迅速蒸发。仪器应避免强烈振动或撞击，以防损伤及影响精度。不用时应放在箱内或用黑布罩住，置于干燥处。

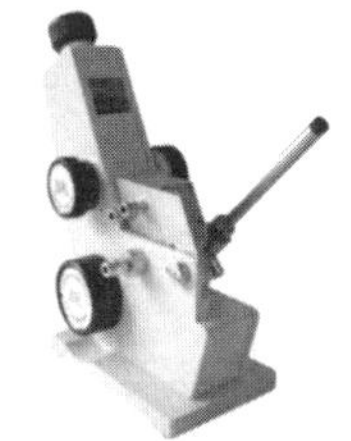

图 2.7　阿贝折射仪

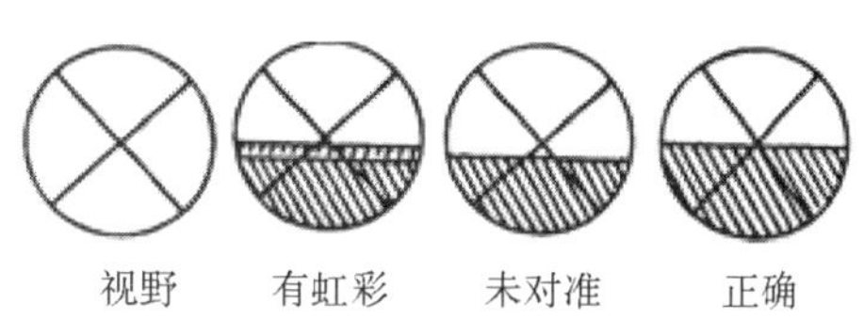

图 2.8　折光仪中的视野

2.2.4　旋光度的测定

自然界中很多物质具有使平面偏振光的振动面发生旋转的性质，称为旋光性或光学活性，该物质称为旋光性物质或光学活性物质。平面偏振光通过旋光性物质后，振动面改变的角度称为旋光度，用“α”表示。

1. 基本原理

如果一种化合物的分子能与其镜像重合，则这种分子具有对称性；而一种化合物的分子不能与其镜像重合，称这种分子为手性分子。手性分子能使平面偏振光发生旋转，具有旋光性。定量测定溶液或液体旋光程度的仪器称为旋光仪，常见旋光仪见图 2.9。当钠光源发出的光通过尼可尔棱镜(起偏镜)时，只能使与棱镜晶轴平行的光线通过，再经过盛有旋光性物质的旋光管时，因物质的旋光性致使偏振光通过第二个棱镜，必须转动检偏镜，才能通过。因此，要调节检偏镜进行配光，由标尺盘上转动的角度，可以指示出检偏镜的转动角度 α，即为该物质在此浓度时的旋光度。

旋光度的测定对于研究具有光学活性的分子的构型及确定某些反应机理具有重要的作用，还可用来鉴定旋光性化合物的光学纯度。测定旋光度时所用溶液的浓度、样品管的长度、温度、光源的波长及溶剂的改变都会引起旋光度的变化。因此常用比旋光度$[\alpha]$来表示物质的旋光性。当光源、温度和溶剂固定时，旋光度是一个只与分子结构有关的表征旋光性物质的特征常数。溶液的比旋光度与旋光度的关系为：

$$[\alpha]_{\lambda}^{t}=\frac{\alpha}{c\cdot l}$$

式中，t 为测试温度；λ 为光源的波长，常用钠灯($\lambda=589.3$ nm)；α 为从旋光仪读出的物质旋光度数；l 为旋光管的长度，单位为 dm；c 为溶液浓度，以 1 L 溶液所含溶质的物质的量表示。

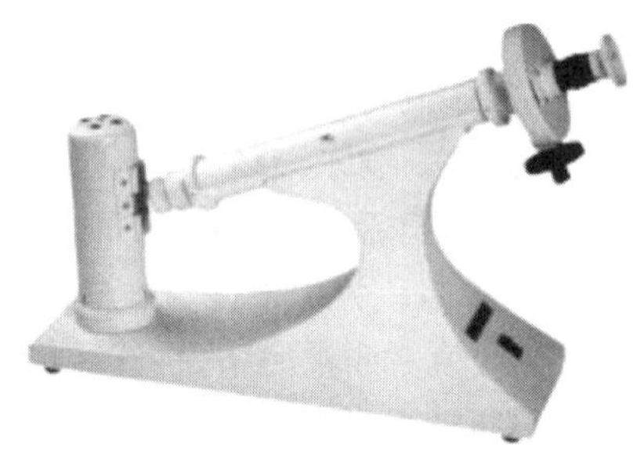

图 2.9　圆盘旋光仪

2. 测定方法

基本步骤如下：

(1)装待测溶液

选取适当测定管，洗净后用少量待测液润洗 2～3 次，然后注入待测液，使液面在管口成一凸面，将玻璃盖沿管口边缘平推盖好，勿使管内留有气泡，装上橡皮圈，旋上螺帽至不漏水。螺帽不宜旋得过紧，以免产生应力，影响读数。测定管中若有气泡，需重新装填。装好后，将样品管外部拭净，以免沾污仪器的样品室。

(2)旋光仪零点的校正

打开电源开关，预热 5～15 min，使之发光稳定。通光面两端的雾状水滴应用软布揩干。通常在正式测定前，均需校正仪器的零点，即将装有蒸馏水或其他空白溶剂的试管放入样品室，盖上箱盖。调节仪器的目镜的焦点，使视场内三分视场的明暗度一致，这一位置作为零点。在使用旋光仪时，会存在两个三分视场明暗一致的角度，其中一个较亮，另一个比较暗，如图 2.10(c)、(d)所示。由于人眼对弱照度的变化比较敏感，一般以较暗界面为零点，记下其读数。

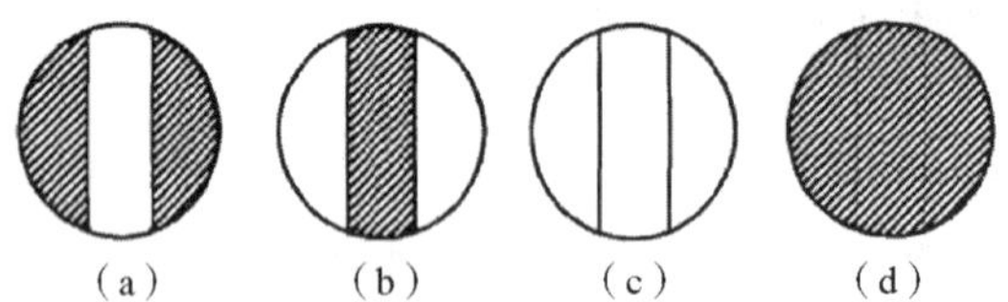

图 2.10　三分视场光强变化图

(3)旋光度的测定

将装有待测溶液的旋光管放入旋光仪中，调节检偏器，使三部分亮度不同的视场重新调至亮度一致，所转过的角度就是旋转角。再按游标尺原理读数，可以读到两位小数。重复 2～3 次，取平均值。

(4)计算比旋光度

测得旋光度后，计算出比旋光度。因同一旋光物质溶于不同溶剂测得的旋光度可能完全不同,因此必须注明所使用的溶剂。

测毕,测定管中的溶液要及时倒出,用蒸馏水洗干净,揩干放好,所有镜片不能用手直接擦拭,应用柔软绒布擦拭。

2.3　萃取

萃取是分离和提纯有机化合物常用的操作之一。一般而言,应用萃取可以从固体或液体混合物中提取出所需要的物质,也可以用来除去混合物中少量的杂质。洗涤是使用溶剂洗除有机混合物中的少量杂质。根据被提取物质状态的不同,萃取分为两种:一种是用溶剂从液体混合物中提取物质,称为液-液萃取;另一种是用溶剂从固体混合物中提取所需物质,称为液-固萃取。

1. 基本原理

液-液萃取是利用物质在两种互不相溶(或微溶)的溶剂中溶解度或分配系数的不同,使物质从一种溶剂内转移到另一种溶剂中。分配定律是液-液萃取的主要理论依据。在两种互不相溶的混合溶剂中加入某种可溶性物质时,它能以不同的溶解度分别溶解于这两种溶剂中。实验证明,在一定温度下,若该物质的分子在这两种溶剂中不发生分解、电离、缔合和溶剂化等作用,则此物质在两液相中浓度之比是一个常数,称为分配系数,用 K 表示。用 c_A、c_B表示一种物质在 A、B 两种互不相溶的溶剂中的物质的量浓度,则 $K=c_A/c_B$,它可以近似地看作物质在两溶剂中溶解度之比,K 在一定温度下为一常数。

由于有机化合物在有机溶剂中一般比在水中溶解度大,因而可以用与水不互溶的有机溶剂将有机物从水溶液中萃取出来。为了节省溶剂并提高萃取效率,根据分配定律,用溶剂进行萃取时,要达到良好的萃取效果,应坚持少量多次的原则。可以利用下面推导来说明。设在体积为 V 的水中溶解质量为 W_0的物质,每次使用体积为 V_B的有机溶剂重复萃取。W_1为萃取一次后物质在水溶液中的剩余量。此时,物质在水中的浓度和在有机相中的浓度就分别为 W_1/V 和$(W_0-W_1)/V_B$,两者之比等于 K:

$$K=\frac{W_1/V}{(W_0-W_1)/V_B}\text{或 }W_1=W_0\ \frac{KV}{KV+V_B}$$

显然,萃取 n 次后,W_n 的剩余量应为:

$$W_n=W_0\left(\frac{KV}{KV+V_B}\right)^n$$

当用一定量的溶剂萃取时,由于上式中 $KV/(KV+V_B)$恒小于 1,所以 n 越大,W_n 就越小,也就是说,把溶剂分成几份做多次萃取比用全部溶剂进行一次萃取要好。但是,萃取的次数也不是越多越好,因为溶剂总量不变时,萃取次数 n 增加,V_B就要减小。当 $n>5$ 时,n 和 V_B两个因素的影响就几乎相互抵消了,n 再增加时,W_n/W_{n+1}的变化很小,所以一般同体积溶剂分为 3～5 次萃取即可。

一般从水溶液中萃取有机物时,选择萃取溶剂的原则是:溶剂在水中溶解度很小或几乎不溶;被萃取物在溶剂中要比在水中溶解度大;溶剂与水和被萃取物都不反应;萃取后溶剂易于和溶质分离开,因此最好用低沸点溶剂,萃取后溶剂可用常压蒸馏回收。此外,价格便宜、操作方便、毒性小、不易着火也应考虑。

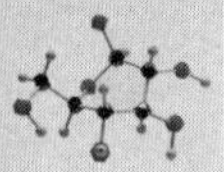

2. 操作方法

(1)溶液中物质的萃取

在实验中应用最多的是水溶液中物质的萃取。实验室中常用分液漏斗来完成此操作。分液漏斗的大小应选比欲萃取液体体积大一倍以上。先把活塞擦净,在离活塞孔稍远的地方均匀地涂一层润滑脂,注意不要堵住活塞孔。塞好之后旋转几圈,使润滑脂分布均匀。一般应先加水检查是否渗漏,确认不漏水后方可使用。

将漏斗放在铁圈中,关好活塞,分别将要萃取的溶液和萃取剂自上口倒入漏斗中,塞紧上口的塞子(不要涂润滑脂)。取下漏斗,用右手手掌顶住漏斗塞子,再用大拇指、食指和中指握住漏斗,左手握住漏斗活塞处,大拇指压紧活塞,将漏斗平放,前后摇动或做圆周运动,每振摇几次后,将漏斗的上口向下倾斜,下部支管指向斜上方,用拇指和食指打开活塞,释放出因振摇产生的气体,以平衡内外压力,如图 2.11 所示。

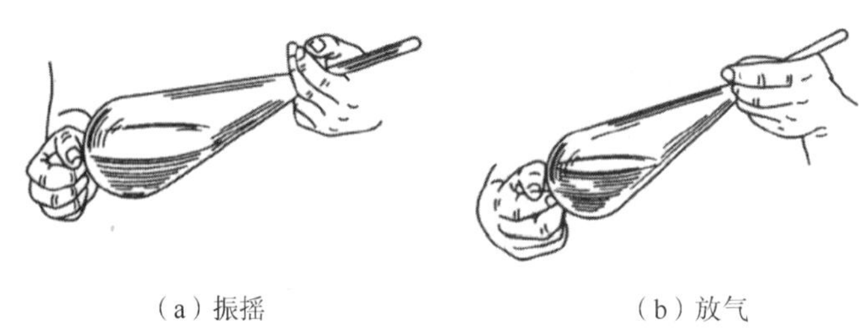

(a)振摇　　(b)放气

图 2.11　分液漏斗的操作

重复操作 2～3 次后,再剧烈振摇 2～3 min,使两不相溶的液体充分接触,提高萃取的效率。然后将漏斗放回铁圈中静置,待两层液体完全分开后,缓缓打开活塞,将下层液体从活塞处放出,若两相间有一些絮状物也一起放出,然后将上层液体从分液漏斗的上口倒出,切不可从活塞处放出,以免被支管中残留的下层液体沾污。将水层重新倒回分液漏斗中,再用新的萃取剂萃取。将所有的萃取液合并,若需要干燥,加入干燥剂干燥。然后蒸出溶剂,萃取得到的产物视其性质,利用蒸馏或重结晶等方法进一步纯化。

萃取时,为减少有机物在水中的溶解度或增加水的比重及降低乳化程度,可利用盐析方法促进两相分层。长时间静置也有助于两相分离。

分液漏斗若与碱或碱式碳酸盐接触后,必须洗净漏斗,特别是顶塞和旋塞结合部位,否则长时间不用,碱与玻璃发生反应,会粘连而拧不开。

在萃取中,上下两层液体都应该保留到实验完毕,以防中间操作发生错误,无法补救。

(2)固体物质的萃取

固体物质的萃取,实验室中常用 Soxhlet(索氏)提取器(图 2.12)。

索氏提取器是利用溶剂回流及虹吸原理,使固体物质连续不断地被纯的溶剂萃取,因此萃取的效率较高。

萃取前先将固体物质研细,然后将固体物质放在滤纸套内置于提取器中,提取器下端连接盛有溶剂的烧瓶,上端连接冷凝管。当溶剂沸腾时,蒸气通过玻璃支管上升,被冷凝管冷凝成液体,滴入提取器中,这样通过冷凝下来的纯溶剂对固体物质进行“浸泡”提取,当溶液液面超

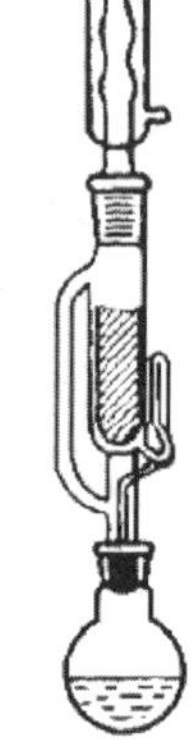

图 2.12　索氏提取器

过虹吸管的最高处时,即发生虹吸流回烧瓶,从而将溶于溶剂的部分物质带到烧瓶内,经蒸发、冷凝,不含溶质的溶剂又返回提取器内进行提取。经过这样长时间反复的回流和虹吸作用,固体的可溶物质被富集到烧瓶中,然后蒸除溶剂,得到的萃取物再利用其他方法进行纯化。

同理,通过索氏提取器也可以对固体混合物中杂质反复用选择的溶剂进行洗涤,将杂质洗到烧瓶中,同时将需要的组分保留在滤纸套内。

2.4　液体有机化合物的分离和提纯

2.4.1　常压蒸馏

蒸馏是分离提纯沸点不同的液体混合物的一种常用的方法。通过蒸馏还可以测定化合物的沸点,通过沸点测定可以初步鉴定液体有机化合物的纯度。

1. 基本原理

将液体加热,它的蒸气压就随着温度升高而增大,当液体的蒸气压增大到与外界施于液面的总压力(通常是大气压力)相等时,就有大量气泡从液体内部逸出,这种现象叫作沸腾。这时的温度称为液体的沸点。显然沸点与所受外界压力的大小有关。外界压力增大,液体沸腾时的蒸气压加大,沸点升高;相反,减小外界的压力,沸腾时蒸气压下降,沸点就降低。

一般来说,作为一条经验规律,在 101.3 kPa(760 mmHg)附近时,多数液体当压力下降 1.33 kPa(10 mmHg)时,沸点约下降 0.5 ℃。在较低压力下,压力每降低一半,沸点约下降 10 ℃。由于物质的沸点随外界大气压的改变而变化,因此,表示一个化合物的沸点时,一定要说明测定沸点时外界的大气压,以便与文献值相比较。通常所说的沸点是在 101.3 kPa(760 mmHg)压力下液体的沸腾温度。例如,水的沸点为 100 ℃,即是指在 101.3 kPa 压力下,水在 100 ℃时沸腾。在其他压力下的沸点应注明压力。如在 12.3 kPa(92.5 mmHg)下,50 ℃水即沸腾,这时水的沸点可表示为 50 ℃/12.3 kPa。

将液体加热至沸腾,使液体迅速变为蒸气,然后使蒸出的蒸气冷凝为液体,这两个过程的联合操作称为蒸馏。很明显,蒸馏可将挥发和不挥发的物质分离开来,也可将沸点不同的液体混合物分离开来。但液体混合物各组分的沸点必须相差很大(30 ℃以上)才能得到较好的分离效果。

为了消除蒸馏过程中的过热现象和保证沸腾的平稳状态,常加入素烧瓷片或沸石,或一端封口的毛细管等助沸物,它们都能有效地防止加热过程中暴沸现象的发生。但应注意的是,切勿将助沸物加入已接近或已经沸腾的液体中!因为如果这时加入助沸物,将会引起暴沸,液体易冲出瓶口,甚至发生火灾。如果加热后发现忘记了加助沸物,应使液体冷却到室温后才能加入。如蒸馏中途停止,也应在重新加热前补加新的助沸物,以免出现暴沸现象。

2. 蒸馏的过程

蒸馏的过程可分为以下三个阶段:

第一阶段:随着加热的进行,蒸馏瓶内的混合液不断汽化,当混合液的饱和蒸气压与大气压相等时,液体沸腾,开始有液体被冷凝而流出。这部分馏分称为前馏分。一般这部分组分的沸点要低于要收集组分的沸点,因此,常作为杂质弃掉。有时被蒸馏的液体几乎没有前馏分,但也应该将蒸馏出来的前 1～2 滴作为冲洗仪器的馏分去掉,以保证产品的质量。

第二阶段:温度稳定在沸程范围内,此时的馏分是目标产品,沸程范围越小,组分纯度越高。随着馏分的蒸出,蒸馏瓶内混合液体的体积不断减小,直至温度超过沸程后出现波动,即可停止接收。

第三阶段:如果混合物中只有一种组分需要收集,此时,蒸馏瓶内剩余的液体应作为残留物弃掉。如果是多组分蒸馏,第一组分蒸馏完毕后温度上升,当温度稳定在第二组分沸程时,即可接收第二组分。如果蒸馏瓶内液体很少,温度会自然下降,此时应停止蒸馏。

进行蒸馏操作时,蒸馏瓶内的液体不能蒸干,以防止蒸馏瓶过热或有过氧化物存在而发生爆炸。

在一定压力下,凡纯净的化合物都有固定的沸点,但是具有固定沸点的液体不一定都是纯净化合物。因为当两种以上的物质形成共沸物时,它们的液相组成和气相组成相同,因此在同一沸点下,它们的组成一样。这样的混合物用一般的蒸馏方法无法分离。

3. 实验操作

(1)蒸馏装置及安装

常用的蒸馏装置主要由蒸馏烧瓶、蒸馏头、温度计套管、温度计、直形冷凝管、接引管和接收瓶组成[图 1.1(a)]。

在安装仪器过程中应注意以下几点:

①安装仪器的顺序为自下而上,从左到右。蒸馏瓶距电热套底部 2 cm 左右,以免造成局部过热。安装好的仪器要做到横平竖直,美观整齐。

②温度计应根据被蒸馏液体的沸点来选,低于 100 ℃时可选用 100 ℃温度计,高于 100 ℃时应选用 250～300 ℃水银温度计。注意温度计水银球的位置,即温度计水银球上限与蒸馏头支管下限在同一水平线上(图 2.13)。

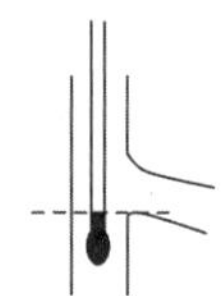

图 2.13 温度计水银球的上限和蒸馏头支管的下限处在同一水平线上

③蒸馏瓶的选用与被蒸液体量的多少有关,通常装入液体的体积应为蒸馏瓶容积的 1/3～2/3。液体量过多或过少都不宜。在蒸馏低沸点液体时,选用长颈蒸馏瓶;而蒸馏高沸点液体时,选用短颈蒸馏瓶。

④冷凝管可分为水冷凝管和空气冷凝管两类,水冷凝管用于被蒸液体沸点低于 140 ℃时,空气冷凝管用于被蒸液体沸点高于 140 ℃时。

⑤接液管将冷凝液导入接收瓶中。常压蒸馏选用锥形瓶作为接收瓶,减压蒸馏选用圆底烧瓶作为接收瓶。

(2)蒸馏操作

①加料。仪器安装好之后,取下温度计套管和温度计,在蒸馏头上放置一个长颈漏斗,小心将待蒸馏液体倒入蒸馏瓶中,要注意不使液体从支管流出。再加入几粒沸石,检查仪器

的各部分连接是否紧密和稳妥。

②加热。加热前，应检查仪器装配是否正确，原料、助沸物等是否加好，冷凝水是否通入，一切准备妥当后方可加热。一旦液体沸腾温度计水银球部位出现液滴时，适当调节电压，使温度计水银球上常有被冷凝的液滴。蒸馏速度控制在以每秒 1～2 滴为宜。

③收集馏分，记录沸程。蒸馏前，至少要准备两个接收瓶，分别用来收集前馏分和目标馏分。记下馏分开始馏出时和最后一滴时温度计的读数，即该馏分的沸程(沸点范围)。一般液体中或多或少地含有一些高沸点杂质，在所需要的馏分蒸出后，若再继续升高加热温度，温度计的读数会显著升高；若维持原来的加热温度，就不会再有馏液蒸出，温度会突然下降，这时就应停止蒸馏。即使杂质含量极少，也不要蒸干，以免蒸馏瓶破裂及发生其他意外事故。

④蒸馏完毕。应先关掉电源停止加热，将电压调节至零点。然后关闭冷凝水，拆下仪器。拆除仪器的顺序和安装的顺序相反，先取下接收瓶，然后拆下接引管、冷凝管、蒸馏头和蒸馏瓶等，并清洗干净。

2.4.2 分馏

两种或两种以上能互溶的液体混合物，如果它们的沸点比较接近，用简单的蒸馏难以分离，这时可用分馏柱进行分离，即分馏。分馏过程实际上是在分馏柱内进行的多次汽化、冷凝的过程。简言之，分馏就是多次蒸馏。

1. 基本原理

分馏是通过在分馏柱中进行多次部分汽化和冷凝，既克服多次普通蒸馏的缺点，又有效地分离沸点相近的液体混合物。这里仅讨论混合物是 A、B 二元组分理想溶液的情况。所谓理想溶液也就是各组分在混合时无热效应产生，体积没有改变，遵守拉乌尔定律的溶液。这时，溶液中每一组分的蒸气压等于此纯物质的蒸气压和它在溶液中的摩尔分数的乘积。亦即：

$$p_A = p_{A0} X_A \quad p_B = p_{B0} X_B$$

其中，p_A、p_B分别为溶液中 A 组分和 B 组分的分压，p_{A0}、p_{B0}分别为纯 A 和纯 B 的蒸气压，X_A、X_B分别为 A 和 B 在溶液中的摩尔分数。

溶液的总蒸气压：　$p = p_A + p_B$

根据道尔顿分压定律，气相中每一组分的蒸气压和它的摩尔分数成正比。因此在气相中蒸气 A、B 组分的摩尔分数 $X_{A,g}$、$X_{B,g}$分别为：

$$X_{A,g} = p_A / p \quad X_{B,g} = p_B / p$$

由上式推知，组分 B 在气相和溶液中的相对浓度为：

$$\frac{X_{B,g}}{X_B} = \frac{p_B}{p_A + p_B} \times \frac{p_{B0}}{p_B} = \frac{1}{X_B + X_A \dfrac{p_{A0}}{p_{B0}}}$$

因为在溶液中，$X_A + X_B = 1$，如果 $p_{A0} = p_{B0}$，则 $X_{B,g}/X_B = 1$，表明这时液相的成分和气相的成分完全相同，这样 A 和 B 就不能用蒸馏或分馏来分离。

如果 $p_{B0} > p_{A0}$，则 $X_{B,g}/X_B > 1$，表明沸点较低的 B 在气相中的浓度较在液相中大。此时将进行一次蒸馏后的蒸气冷凝后得到的液体中，B的组分比在原来的液体中多。如果将所得的液体再进行第二次蒸馏，在它的蒸气经冷凝后的液体中，易挥发的组分又将增加。如此多次反复，最终就能将这两个组分分开。

当 $p_{B0}<p_{A0}$ 时，也可做类似的讨论。凡形成共沸点混合物者不在此例。这种多次重复的蒸馏过程是在分馏柱内完成的。

分馏柱主要由一根长而垂直、柱身有一定形状的空管组成，在管中常常填充特制的填料，目的是增大液相和气相接触的面积，提高分离效率。当沸腾着的混合物进入分馏柱（工业上称为分馏塔）时，因为沸点较高的组分易被冷凝，所以冷凝液中就含有较多较高沸点的物质，而蒸气中低沸点的成分就相对增多。冷凝液向下流动时又与上升的蒸气接触，二者之间进行热量交换，亦即上升的蒸气中高沸点的物质被冷凝下来，低沸点的物质吸热后仍以蒸气上升，而在冷凝液中低沸点的物质则受热汽化，高沸点的仍呈液态。如此经多次液相与气相的热交换和物质交换，低沸点的物质不断上升，最后被蒸馏出来，高沸点的物质则不断流回加热的容器中，从而将沸点不同的物质分离。

2. 简单分馏装置

分馏装置与简单蒸馏装置类似，不同之处是在蒸馏瓶与蒸馏头之间多加了一根分馏柱［图1.1(b)］。分馏柱的种类很多，实验室常用维氏分馏柱（Vigreux），是不用装填料的刺形柱。此外，还可使用填料柱（赫氏柱 Hempel），即在一根玻璃管内填上惰性材料，如球型、螺旋形、马鞍形等不同形状的玻璃、陶瓷或金属质的填料。球形分馏柱分馏效果较差。

分馏效率与柱的高度、绝热性能和填充物的类型等有关。为了提高分馏效率，操作上采取两项措施：一是柱身装有保温套，保持柱身温度与待分馏物质的沸点相近，以利于建立气液平衡；二是要控制一定的回流比（指同一时间内流入柱中的液体量和蒸出液体量之比）。一般来说，对于同一分馏柱，平衡保持得好，回流比大，则分馏效率高。

3. 简单分馏操作

简单分馏操作和蒸馏大致相同，搭建分馏装置时要保持分馏柱垂直。

将待分馏的混合物放入圆底烧瓶中，加入沸石，仔细检查后进行加热。液体沸腾后要注意调节温度，使蒸气慢慢升入分馏柱。当蒸气上升至柱顶时，温度计水银球即出现液滴。调节浴液温度使得液体馏出速度控制在每2～3 s一滴，这样可以得到比较好的分馏效果。待低沸点组分蒸完后，温度计温度会骤然下降，再渐渐升温，分离第二个组分。这样就可按组分沸点由低到高地依次分馏出各组分。

要很好地进行分馏必须注意下列几点：

(1)保持蒸馏速度恒定。分馏要缓慢进行，控制好加热温度。

(2)选择合适的回流比。一般情况下，保持分馏柱内温度梯度是通过调节馏出液速度来实现的，若加热速度快，蒸出速度也快，柱内温度梯度变小，影响分离效果；若加热速度太慢，会使柱身被冷凝液阻塞，产生液泛现象，即上升蒸气把液体冲出冷凝管。因此，要有足够量的液体从分馏柱流回烧瓶，回流比越大，分离效果越好。

(3)保持柱内温度梯度恒定。尽量减少分馏柱的热量散失和波动，可在分馏柱外面包一定厚度的保温材料，保证柱内的温度梯度。

2.4.3 减压蒸馏

减压蒸馏是分离和提纯有机化合物的一种重要方法，适合高沸点有机化合物或在常压下蒸馏易发生分解、氧化或聚合的有机化合物。

1. 基本原理

液体的沸点随外界压力变化而变化，若体系的压力降低，则液体的沸点随之降低。在较低压力下进行蒸馏的操作称为减压蒸馏。减压蒸馏时物质的沸点与压力的关系可通过三种途径获得：

(1)查阅有关手册或参考书。

(2)根据图 2.14 沸点-压力的经验近似关系，推算出物质在不同压力下的沸点。例如，乙酰乙酸乙酯常压下沸点为 181 ℃，要估计其在 20 mmHg 时的沸点是多少，可在图中 B 线上找出 181 ℃的点，将此点与 C 线上 20 mmHg 处的点连成一直线，把此线延长与 A 线相交，其交点所示的温度就是乙酰乙酸乙酯在 20 mmHg 时的沸点，约为 82 ℃。

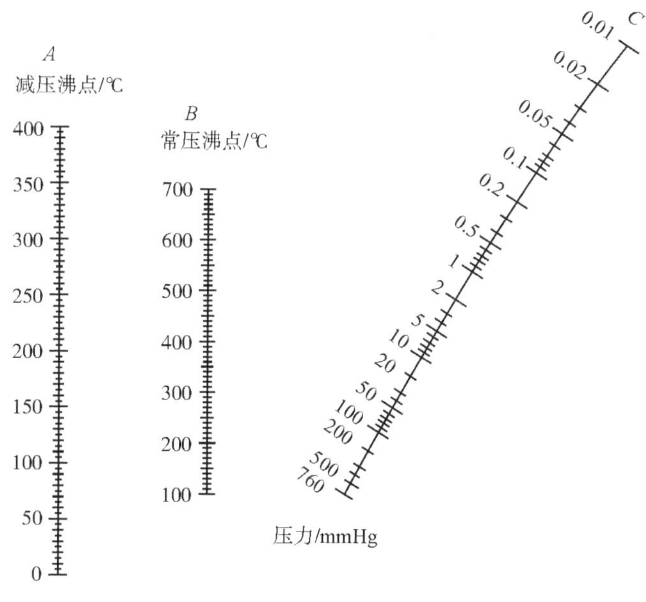

图 2.14　液体在常压下的沸点与减压下的沸点的近似关系

(3)物质在某压力下的沸点还可以由下列公式近似地求出：

$$\lg p = A + B/T$$

其中，p 为蒸气压，T 为沸点(绝对温度)，A、B 为常数。如以 $\lg p$ 为纵坐标，$1/T$ 为横坐标作图，可以近似地得到一直线。因此可由两组已知的压力和温度算出 A 和 B 的数值，再将所选择的压力代入上式可算出液体的沸点。

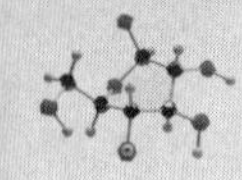

2. 减压蒸馏装置

常用的减压蒸馏装置见图 1.1(d),完整减压蒸馏装置见图 2.15。整个装置包括蒸馏、抽气(减压)以及在它们之间的保护和测压装置。

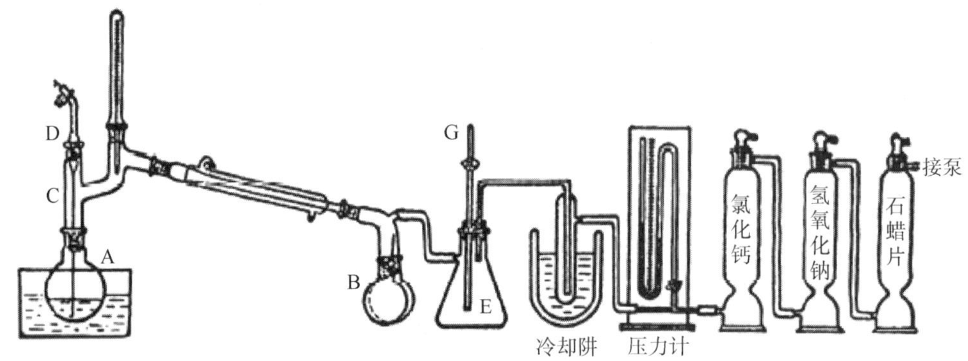

图 2.15　减压蒸馏装置

(1)蒸馏部分

减压蒸馏中所用的蒸馏烧瓶 A 为减压蒸馏瓶(又称克氏蒸馏瓶,在磨口仪器中用克氏蒸馏头配圆底烧瓶代替),有两个瓶颈,其目的是避免减压蒸馏时瓶内液体由于沸腾而冲入冷凝管中。带支管的瓶口插入温度计,另一瓶口则插一根毛细管 C,毛细管的下端要伸到离瓶底 1～2 mm 处。毛细管上端连有一段带螺旋夹 D 的橡皮管。在减压蒸馏时,调节螺旋夹控制进入空气的量,少量空气进入液体冒出小气泡,成为液体沸腾的汽化中心,这样可以防止液体暴沸,使沸腾保持平稳,这对减压蒸馏是非常重要的。

(2)抽气部分

实验室通常用水泵或油泵进行减压,如图 2.16 所示。

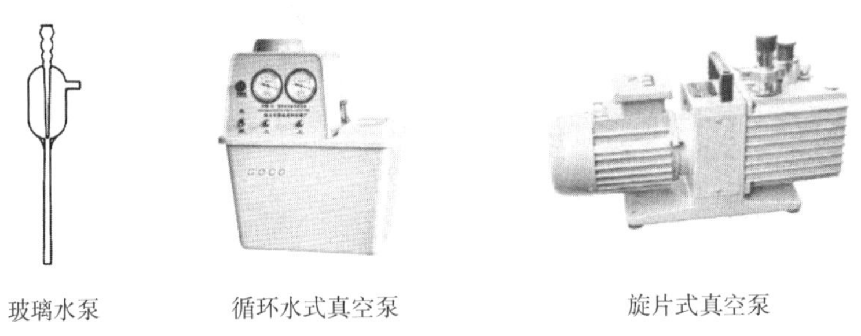

图 2.16　抽气泵

实验室常用循环水式真空泵进行减压,循环水式真空泵还可提供冷凝水,在实验室更为方便实用,水泵所能达到的最低压力为当时室温下的水蒸气压。但水泵常因其结构、水压和水温等因素,不易得到较高的真空度。油泵可以把压力顺利降低到 2～4 mmHg,可获得较高真空度,但油泵结构较为精密。所以使用油泵时,需要注意防护保养,不能使有机物质、水、酸等的蒸气侵入泵内。易挥发性有机物质的蒸气可被泵内的油吸收,使油受到污染,这会严重降低油泵的效率;水蒸气凝结在泵里,会使油发生乳化,也会降低油泵效率;酸性蒸气的吸入会腐蚀油泵。

(3)保护及测压装置部分

用油泵进行减压蒸馏时,在接收器和油泵之间,应顺次装上缓冲用的吸滤瓶、冷却阱、水银压力计、干燥塔和吸收塔。其中,吸滤瓶的作用是使仪器装置内的压力不发生太突然的变化及防止泵油的倒吸;冷却阱的目的是把减压系统中低沸点有机溶剂充分冷凝下来,以保护油泵。吸收塔内吸收剂的种类常根据蒸馏液性质而定,一般有无水氯化钙、固体氢氧化钠、活性炭、石蜡片和分子筛等,其目的是吸收水蒸气、酸性气体和有机物蒸气。若用水泵减压,可以不连接吸收装置。

减压蒸馏装置内的压力可用水银压力计(图 2.17)来测定。左侧两臂水银柱高度之差,即为大气压力与系统中压力之差,因此蒸馏系统内的实际压力(真空度)应是大气压力减去压力差。右侧为封闭式水银压力计,两臂液面高度差即为蒸馏系统中的真空度。

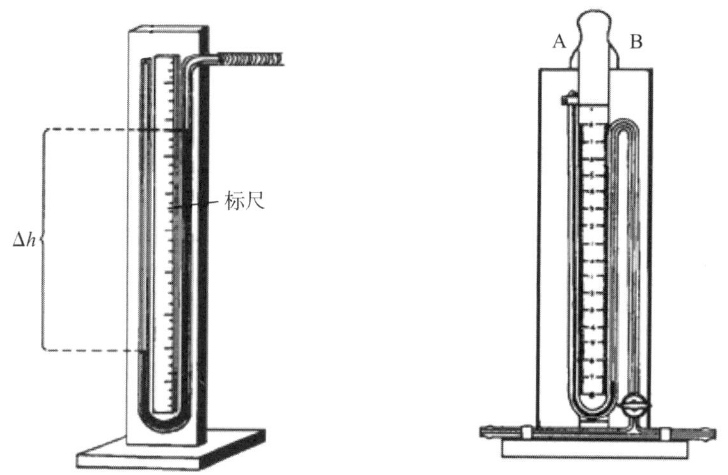

图 2.17　水银压力计

3. 减压蒸馏操作

在开始蒸馏之前,必须先检查装置的气密性以及装置能减压到何种程度。在克氏蒸馏瓶中放入占其容量 1/3～1/2 的蒸馏物质。先用螺旋夹 D 把套在毛细管 C 上的橡皮管完全夹紧,打开旋塞 G,然后开动真空泵。逐渐关闭旋塞 M,从汞压力计观察仪器装置所能达到的真空度。经过检查,如果仪器装置完全合乎要求,可以开始蒸馏。开启冷凝水,选用合适的热浴加热蒸馏。加热时烧瓶的球形部分至少应有 2/3 浸入热浴液体中,但注意不要使瓶底和浴底接触。逐渐升温,热浴液体温度一般要比被蒸馏液体的沸点高 20～30 ℃,使液体平稳地沸腾,使馏出液流出的速度约 1 滴/秒。在蒸馏过程中,应注意水银压力计的读数,记录下时间、压力、液体沸点、热浴液体温度和馏出液流出的速度等数据。若开始馏出液的沸点比所需馏分沸点低,则当达到预期的温度时需要更换接收器。

蒸馏完毕时,停止加热,撤去热浴液体,慢慢地打开旋塞 D,使仪器装置与大气相通,这一操作需特别小心,一定要慢慢地旋开旋塞,使压力计中汞柱慢慢地回复到原状(如果引入空气太快,汞柱会出现断裂,而在封闭式水银压力计中很快地上升,有冲破 U 形管压力计的可能),然后关闭真空泵,待仪器装置内的压力与大气压力相等后,方可拆卸仪器。

2.4.4 水蒸气蒸馏

水蒸气蒸馏是分离提纯液态或固态有机化合物的常用方法之一。用水蒸气蒸馏提纯的有机物需具备下列条件：不溶(或几乎不溶)于水；在 100 ℃左右与水不会发生化学反应；在 100 ℃左右必须具有一定的蒸气压(一般不小于 1.33 kPa)。

水蒸气蒸馏常用于以下几种情况：一般蒸馏会发生分解的高沸点有机化合物；混合物中含有大量的树脂状或焦油状杂质以及不挥发性杂质，采用蒸馏、萃取等方法难以分离；从固体较多的反应混合物中分离被吸附的液体；从反应混合物中去除易挥发的有机物。

1. 基本原理

当水(A)和不相混溶的物质(B)一起存在时，根据道尔顿分压定律，混合物的蒸气压力 p 应该为水的蒸气压 p_A 和该物质的蒸气压 p_B 之和，混合物蒸气中各气体分压之比等于它们物质的量之比，即：

$$p=p_A+p_B, p_A/p_B=n_A/n_B$$

p 随温度升高而增大，当温度升高到等于外界大气压时，该混合物开始沸腾。这时的温度为该混合物的沸点，此沸点比混合物中任一组分的沸点都低。因此，在不溶于水的有机物中，通入水蒸气进行水蒸气蒸馏时，在比该物质沸点低得多的温度，而且比 100 ℃还要低的温度就可以使该物质同水一起蒸馏出来。蒸出的是水和与水不相混溶的物质，很容易分离，从而达到纯化的目的。

在馏出液中，水和有机物的质量 $m_A=n_AM_A$，$m_B=n_BM_B$，其质量之比为：

$$\frac{m_A}{m_B}=\frac{M_Ap_A}{M_Bp_B}$$

其中 m_A、m_B 分别为 A、B 在蒸气中的质量，M_A、M_B 分别为 A、B 的摩尔质量。两种物质在馏出液中相对质量(也就是在蒸气中的相对质量)与其蒸气压和摩尔质量之积成正比。水具有低的相对分子质量和较大的蒸气压，乘积 M_Ap_A 比较小，这样就有可能用来分离较高相对分子质量和较低蒸气压的物质。

例如，用水蒸气蒸馏的方法来蒸馏溴苯，溴苯的沸点为 135.0 ℃，且和水不相混溶，当和水一起加热至 95.5 ℃时开始沸腾，此时水的蒸气压为 86.1 kPa，溴苯的蒸气压为 15.2 kPa，从计算得到，馏出液中水和溴苯的质量之比为 6.5/10.0，溴苯在馏出液中占 61%，馏出液中溴苯的含量比水多。

若某化合物的相对分子质量很大，而其蒸气压过低，就不能用水蒸气蒸馏来提纯。100 ℃时水的蒸气压为 100 kPa，标准大气压为 101.33 kPa，混合物总蒸气压必须大于大气压力时，才能被蒸馏出来，因此要求此物质的蒸气压在 100 ℃左右时不低于 1.33 kPa。如果蒸气压在 0.13～0.67 kPa 之间，则其在馏出液中仅占 1%，甚至更低。为了馏出液中想要得到的物质含量增高，就要想办法提高此物质的蒸气压，也就是说要升高温度，使蒸气的温度超过 100 ℃，就要用过热水蒸气来蒸馏，从而提高馏出液中该物质的含量。

2. 实验操作

常用的水蒸气蒸馏装置如图 2.18 所示，包括水蒸气发生器、蒸馏部分、冷凝部分和接收器四部分。A 是水蒸气发生器。侧面玻管 C 是液面计，可以观察发生器内液面的高度，通常盛水量以其容积的 3/4 为宜，如果太满，沸腾时水蒸气会把水冲至烧瓶。安全玻管 B 应插到接近发生器 A 的底部。当容器内的水蒸气压力大时，水可沿着玻管上升，以调节容器内压力。如果水从玻管上口喷出，此时应检查整个系统是否有阻塞(通常是圆底烧瓶内的蒸气导管下口被树脂状或焦油状物质堵塞)。

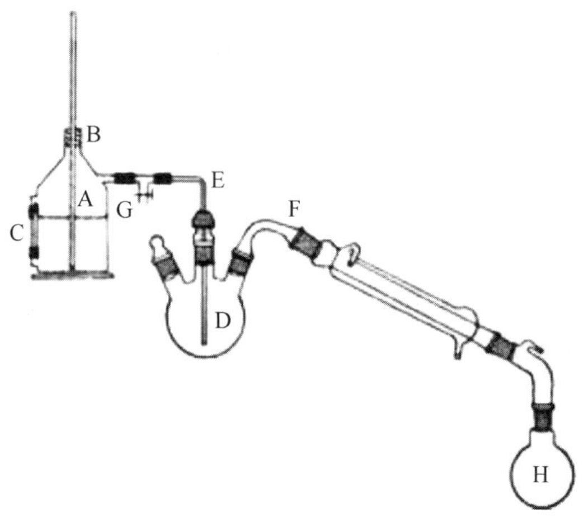

图 2.18　水蒸气蒸馏装置

蒸馏部分通常是 500 mL 的长颈圆底烧瓶 D，瓶内的液体不宜超过其容积的 1/3。为防止瓶中液体因跳溅而冲入冷凝管内，应将烧瓶的位置向发生器的方向倾斜 45°角。蒸气导入管 E 的末端应弯曲，使其垂直正对烧瓶中央，并接近瓶底。蒸气导出管 F(弯角约 30°)孔径最好比管 E 大一些，一端插入双孔木塞，露出约 5 mm，另一端和冷凝管连接。馏出液通过弯接管进入接收器 H(根据情况，接收器外围可用冷水浴冷却)。

水蒸气发生器与长颈圆底烧瓶之间应装上一个 T 形管。在 T 形管下端连一个弹簧夹 G，以便及时除去冷凝下来的水滴。应尽量缩短水蒸气发生器与长颈瓶之间的距离，以减少水蒸气的冷凝。在进行水蒸气蒸馏时，将欲分离的混合物置于 D 中，加热水蒸气发生器，至水沸腾才将 G 夹紧，水蒸气即通入 D。为了使水蒸气不致在 D 中因冷凝而积聚过多，必要时可在 D 下置一石棉网，用小火加热。注意调节加热水蒸气发生器的煤气灯，使产生水蒸气不致太快，以免把 D 中混合物冲至冷凝管中，并使蒸气全部被冷凝管冷凝。如果随水蒸气蒸出的物质具有较高的熔点，在冷凝后易析出固体时，则应调小冷凝水的流速，使蒸气冷凝后仍然保持液体状态。假如已有固体析出，并且接近阻塞时，可暂时停止冷凝水的流通，甚至需要将冷凝水暂时放去，以使物质融熔后随水流入接收器中。当蒸馏液澄清透明不再含有有机物质的油滴时，一般即可停止蒸馏。

在蒸馏需要中断或蒸馏完毕后，一定要先打开弹簧夹 G 使体系和大气相通，然后方可停止加热，否则 D 中的液体会倒吸到 A 中。在蒸馏过程中，如发现安全管 B 中的水位迅速上升，也应立即打开弹簧夹，然后移去热源，待排除了堵塞后再继续进行水蒸气蒸馏。一般控制馏出液速度为每秒 2～3 滴。

进行水蒸气蒸馏时，一般是将水蒸气通入反应混合物中，让其中的易挥发组分随水蒸气一起被蒸馏出来。有时也可以简化操作，在反应混合物中补充足量水分后，直接加热蒸馏，将目标组分随水蒸气一起分离出来，即直接水蒸气蒸馏。

2.5 固体有机化合物的提纯方法

2.5.1 重结晶

有机反应产物或自然界得到的固体产品往往是不纯的，可能夹杂着一些副产物、未反应的原料等杂质，必须经过提纯才能获得纯净的产品。纯化固体有机化合物常用且有效的方法就是重结晶。

1. 基本原理

固体有机化合物在某种溶剂中的溶解度一般是随温度的升高而增加的。如果将一种固体有机物溶解在较热的溶剂中制成饱和溶液，再将其冷却到室温或室温以下，因溶解度降低，溶液变成过饱和时就会有一部分晶体析出，这个过程就是结晶。重结晶是利用溶剂对被提纯物质和杂质的溶解度不同，使被提纯物质从过饱和溶液中结晶析出，而让杂质全部或大部分留在溶液中（或被过滤除去），从而达到提纯固体有机物的一种方法。

2. 操作步骤

重结晶提纯固体有机物的一般过程为：选择溶剂→制备热饱和溶液→脱色→热滤除杂→冷却结晶→晶体过滤洗涤干燥。

(1)溶剂的选择

选择合适的溶剂是重结晶的关键，理想的溶剂应具备下列条件：

①不与被提纯物质发生化学反应。

②被提纯物质在溶剂中的溶解度随温度的变化差别要大，即高温时溶解度较大，室温或更低温度时溶解度较小。

③对杂质的溶解度非常大或非常小（前者可使杂质留在母液中不随被提纯物析出，后者使杂质在热过滤时被滤去）。

④沸点较低，易挥发，干燥时易与结晶物分离除去。

⑤被提纯的物质形成较好的结晶。

⑥无毒或毒性很小，价格便宜，操作安全，易于回收。

对于一些已知的化合物，可从化学文献中查找有关溶解度的资料，从中选择合适的溶剂，但很多情况下还是要通过试验方法进行选择。选择溶剂时要考虑溶解度的规律，即相似相溶原理。

其具体方法是：取 0.1 g 待重结晶的样品于一小试管中，逐滴加入某种溶剂并不断振荡，若在溶剂量达 1 mL 期间固体全溶，说明此溶剂不适合。若不全溶，则小心加热至沸，如仍不溶，可继续加热并分批加入溶剂(0.5 mL/次)至 4 mL；若沸腾下固体仍不全溶，说明此溶剂也不适合。如果样品能溶解于 1～4 mL 沸腾的溶剂中，则冷却试管至室温或低于室温，观察结晶析出情况。若结晶不能自行析出，可用玻璃棒摩擦液面下的试管壁促使结晶析出，如果还没有结晶析出，表明该溶剂不适合；若结晶能正常析出，且结晶量也较多，说明此溶剂是适合的。用同样方法试验几种溶剂都适合时，通过比较结晶的收率、操作的难易、溶剂的毒性及价格等因素，择优使用。常用溶剂见表 2.6。

表 2.6　常用重结晶溶剂

溶剂名称	沸点/℃	相对密度	溶剂名称	沸点/℃	相对密度
水	100.0	1.00	甲苯	110.6	0.87
甲醇	64.7	0.79	乙腈	81.6	0.78
乙醇	78.0	0.79	环己烷	80.8	0.78
丙酮	56.1	0.79	乙酸乙酯	77.1	0.90
乙醚	34.6	0.71	二氯甲烷	40.8	1.34
石油醚	30.0～60.0 60.0～90.0	0.68～0.72	三氯甲烷	61.2	1.49
苯	80.1	0.88	四氯化碳	76.8	1.58

有些化合物在单一的溶剂中，不是溶解度太大，就是溶解度太小，很难选择一种合适的溶剂。这时可选择合适的混合溶剂。所谓混合溶剂，就是将对该化合物溶解度特别大和溶解度特别小而又能相互溶解的两种溶剂按一定比例混合起来，并具有良好溶解性能的溶剂。将适量样品首先溶于其中易溶的沸腾的溶剂中，若有不溶杂质，趁热滤去；若杂质有色，用适量活性炭煮沸脱色后趁热过滤。然后趁热加入另一难溶溶剂，至溶液变浑浊，再加热或逐滴滴入易溶溶剂至溶液刚好澄清透明。最后冷却溶液至室温，使结晶析出。由此也可得到两种溶剂混合比例。若已知两种溶剂的比例，也可将其先行混合，再进行重结晶。常用的混合溶剂有乙醇-水、乙醚-甲醇、乙酸-水、乙醚-丙酮、丙酮-水、乙醚-石油醚、吡啶-水、苯-石油醚。

(2)样品的溶解

选择水作溶剂时，可在烧杯或锥形瓶中加热溶解样品；而用有机溶剂时，为避免溶剂挥发和燃烧，必须在回流装置中加热溶解样品，加热期间添加溶剂时应从冷凝管上端加入。溶剂的用量应从两方面来考虑：一方面为减少溶解损失，溶剂应尽可能避免过量；另一方面溶剂过量太少又会在热过滤时因温度降低和溶剂挥发造成过多晶体在滤纸上析出而降低收率。因此，要使重结晶得到较纯产品和较高收率，溶剂的用量要适当，一般溶剂过量 20%左右为宜。然后根据溶剂的沸点和易燃性选择适当的热浴方式来进行加热，溶解样品。

(3)脱色

溶液中如果含有色杂质，可加入适量的活性炭脱色。活性炭用量以能完全除去颜色为宜，一般为粗品质量的 1%～5%。活性炭一般会吸附一部分被纯化的物质而造成损失。加入活性炭时，应先移开火源，待溶液稍冷后再慢慢加入，并不时搅拌或摇动以防暴沸。活性炭加入后，再继续加热，一般煮沸 5～10 min。如一次脱色不好，可重复操作。活性炭脱色效果与溶液的极性和杂质的多少有关。活性炭在水溶液及极性有机溶剂中脱色效果较好，而在非极性溶剂中脱色效果较差。

(4)热过滤

热过滤通常是用重力过滤(即常压热过滤)的方法除去不溶性杂质和活性炭(图 2.19)如果没有不溶性杂质，溶液又是澄清的，可省去这一步。减压热过滤(即抽滤)虽然速度较快，但因减压下热溶剂易蒸发，而使溶液冷却和浓缩，以至引起晶体过早析出。因此在热过滤时往往需要使用抽滤的方法。

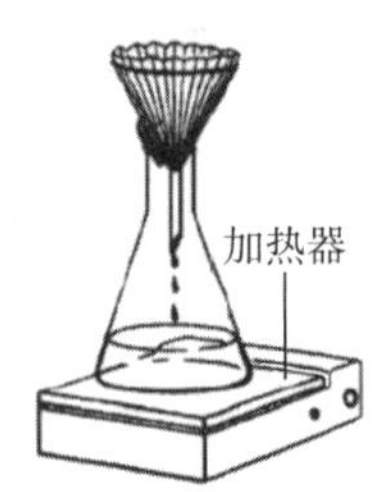

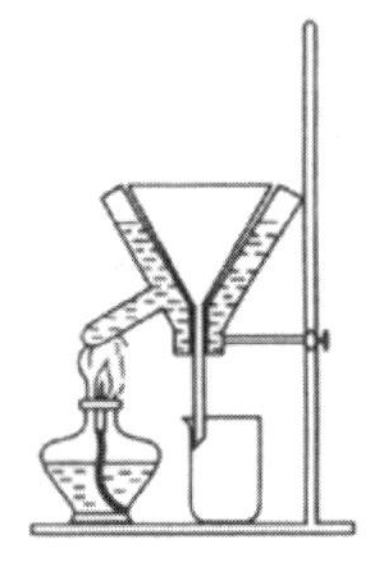

图 2.19　热过滤装置

热过滤时为避免溶液在漏斗颈部因遇冷析出晶体而造成颈部堵塞，需选用短颈或无颈的玻璃漏斗，过滤之前将漏斗放在烘箱中或红外灯下预先烘热，待过滤时再将漏斗取出并放在固定于铁架台上的铁圈中，或直接放在盛装滤液的锥形瓶上。漏斗的上面放一折叠好的扇形滤纸，其高度应略高于漏斗，且使滤纸向外突出的棱边紧贴于漏斗壁上。上述工作准备好后，将沸腾着的溶液迅速倒入滤纸中，液面要略低于滤纸上部边缘。若一次倾倒不完，需将未过滤溶液继续用小火加热以防冷却，但不要等溶液全部滤完后再添加。为减少溶剂挥发，可在漏斗上方盖一表面皿。如果溶剂为水，可将盛滤液的锥形瓶用小火加热，避免过滤时因温度下降而在滤纸上析出晶体。但过滤挥发性易燃溶剂的溶液时，则必须关闭附近的火源，不能加热过滤。对于极易结晶析出的物质，或过滤的溶液量较大时，可采用保温漏斗过滤。

扇形滤纸的折叠方法如图 2.20 所示。将圆形滤纸对折，而后对折成四等份；然后将 2 与 3 对折得 4，1 与 3 对折得 5，如图 2.20(a)；再将 2、5 对折得 6，1、4 对折得 7，如图 2.20(b)；同样将 2、4 对折得边 8，1、5 对折得 9，如图 2.20(c)。这时折得的滤纸外形如图 2.20(d)。继续将滤纸以反方向从一端依次对折 1 和 9、9 和 5……直至另一端 8 和 2，使滤纸成扇形，如图 2.20(e)。将双层滤纸打开呈图 2.20(f)状，最后将 1 和 2 处的同向面分别反向对折，即可得到一内外交错的扇形折叠滤纸，如图 2.20(g)。注意：不得用力折叠滤纸中央圆心部位，以避免过滤时容易破裂。折叠时如果手不太干净，过滤前应将折好的滤纸轻轻翻转后再放入漏斗中，以避免手上的杂质进入溶液。

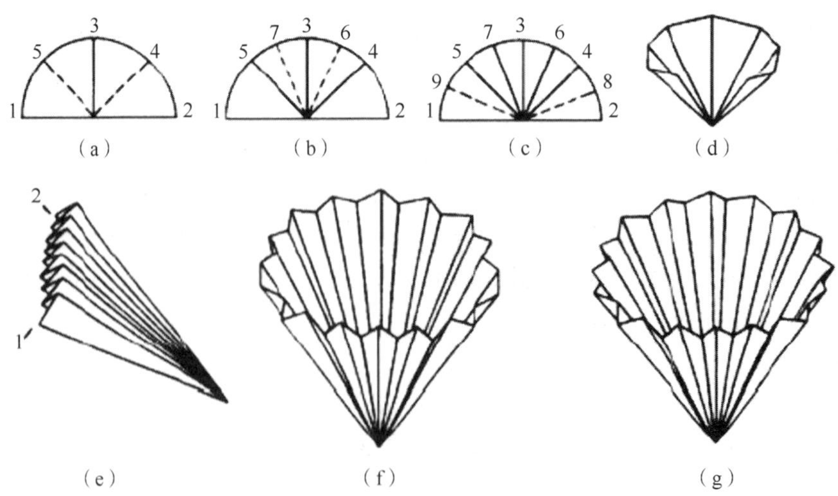

图 2.20　扇形滤纸的折叠方法

(5)结晶析出

将热滤液静置,放在室温中自然冷却,晶体就会慢慢析出,这样析出的晶体颗粒较大,而且均匀纯净。不要将滤液浸在冷水里快速冷却或剧烈搅拌溶液,因为这样析出的晶体不仅颗粒较小,而且因表面积大会使晶体表面从溶液中吸附较多的杂质而影响纯度。但析出的晶体颗粒也不能过大(超过 2 mm),因为过大的晶体中会夹杂溶液,致使晶体干燥困难。如果看到有大体积晶体正在形成,可通过缓慢低速搅拌来减小晶体的平均大小。冷却后若晶体不析出,可用玻璃棒摩擦器壁,或投入晶种,使晶体析出。

(6)晶体的抽滤、洗涤和干燥

为了将冷却的晶体和母液有效地分开,通常采用布氏漏斗进行抽气过滤,简称抽滤或吸滤(图 2.21)。其特点为过滤快、洗涤快,母液与晶体分离完全,晶体易干燥。缺点是遇有低沸点溶剂时,会因减压使溶剂变热蒸发,导致溶液浓度改变,使晶体过早析出且不完全。故不能在溶液未完全冷却、晶体未完全析出前开始抽滤。

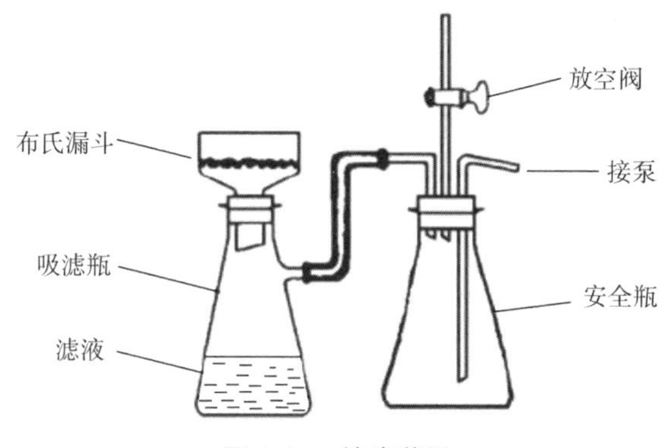

图 2.21　抽滤装置

抽滤瓶与抽气装置水循环式真空泵间用较耐压的橡皮管连接(最好二者中间连一安全瓶,以免因操作不慎造成水泵中的水倒吸至抽滤瓶中)。布氏漏斗中圆形滤纸的直径要剪得比漏斗的内径略小,抽滤前先用少量溶剂将滤纸润湿,再打开水泵使滤纸吸紧,以防止晶体在抽滤时自滤纸边沿的缝隙处吸入瓶中。将晶体和母液小心倒入布氏漏斗中(可借助玻棒),瓶壁上残留的结晶可用少量滤液冲洗数次一并转移到布氏漏斗中,把母液尽量抽尽,必要时可用玻璃塞挤压晶体,以便抽干晶体吸附的含有杂质的母液。然后拔下连在抽滤瓶支管处的橡皮管,或打开安全瓶上的活塞接通大气,避免水倒流。

晶体表面的母液可用溶剂来洗涤。用滴管取少量溶剂(尽量减少溶解损失)滴加在晶体上,再用药勺轻轻翻动使全部晶体润湿,然后再次连接真空泵抽干晶体。一般重复洗涤 1～2 次,即可使晶体表面的母液全部去除。滴加溶剂润湿晶体时,要先解除真空。

抽滤洗涤后的晶体表面还吸附有少量溶剂,需要通过适当的干燥方法进行干燥以除去溶剂。晶体彻底干燥后才能测其熔点,以检验其纯度。

将抽干的晶体转移到干净的表面皿或培养皿中并散开,若晶体不吸水,可以放置在空气中自然晾干(上面盖一张滤纸或称量纸以免灰尘沾污);对热稳定的化合物,可以在至少低于该化合物熔点 20 ℃的烘箱中或红外灯下烘干(一定注意控温并不时翻动晶体,防止晶体熔融);如果制备的是标准样品、分析样品或样品容易吸潮,可将样品放在真空干燥器中干燥。注意:常压下容易升华的结晶不可加热干燥。

2.5.2 升华

升华是提纯固体化合物的一种方法。固体物质在熔点温度以下具有足够大的蒸气压,则可用升华方法来提纯。

1. 基本原理

升华是利用固体混合物的蒸气压或挥发度不同,将不纯净的固体化合物在熔点温度以下加热,利用产物蒸气压高、杂质蒸气压低的特点,使产物不经液体过程而直接汽化,遇冷后凝固而达到分离固体混合物的目的。

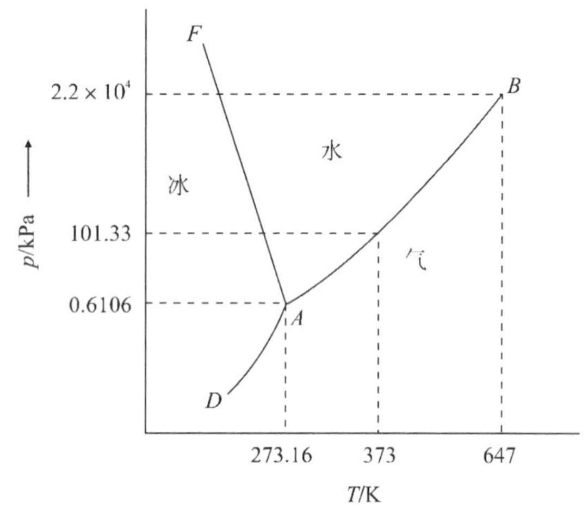

图 2.22 水的相图

为了了解控制升华的条件,就必须研究固、液、气三相平衡。以水的相图为例(图 2.22),图中曲线 AB 是气-液平衡线,线上每一点代表水的蒸气压或一定外压下水的沸点;AF 线是冰的熔点与外压的关系曲线,又称熔点曲线;AD 线是冰的饱和蒸气压曲线(升华曲线)。三线的交点 A 称为三相点,在三相点以下,物质只有固、气两相,如果降低温度,蒸气就不经过液态而直接变成固态;如果升高温度,固体也不经过液态而直接变成蒸气。因此,一般的升华操作都应该在三相点温度以下进行。当温度低于三相点时,如果将体系的压力降至 AD 线以下,固态冰可以不经过熔化而直接汽化,这就是升华过程。

2. 升华操作

(1)常压升华

图 2.23(a)是实验室常用的常压升华装置。将被升华的固体化合物烘干,放入蒸发皿中,铺匀,用一张穿有若干小孔的圆滤纸把锥形漏斗的口包起来,把此漏斗倒盖在蒸发皿上,漏斗颈部塞一团棉花,加热蒸发皿,逐渐地升高温度,使待提纯的固体化合物具有较高的蒸气压,在低于熔点时,就可以产生足够的蒸气。当蒸气开始通过滤纸上升至漏斗中时,可以看到滤纸和漏斗壁上有晶体析出。如晶体不能及时析出,可在漏斗外面用湿布冷却。升华量较大时,可换用图 2.23(b)装置分批升华,通水进行冷却以使晶体析出。需要通入空气或惰性气体进行升华时,可换用图 2.23(c)装置。

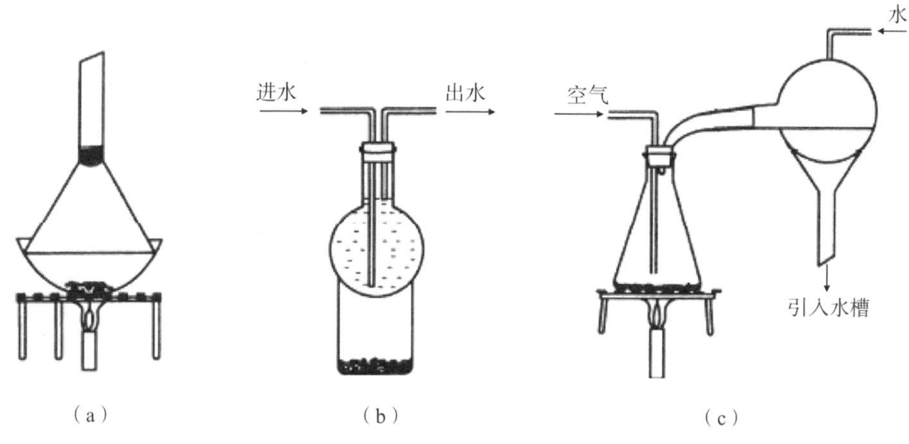

图 2.23　常压升华装置

升华的操作比重结晶简便，纯化后产品的纯度较高。但是产品损失较大，时间较长，一般不适合大量产品的提纯。在常压下不易升华的物质，可利用减压进行升华。

(2)减压升华

减压升华装置如图 2.24 所示。将样品放入吸滤管[图 2.24(a)]或瓶[图 2.24(b)]中，在吸滤管中放入"指形冷凝器"(又称冷凝指)，接通冷凝水，抽气口与水泵连接好，打开水泵，关闭安全瓶上的放气阀，进行抽气。将此装置放入电热套或水浴中加热，使固体样品在一定压力下升华，冷凝后的固体将凝聚在冷凝指的底部。

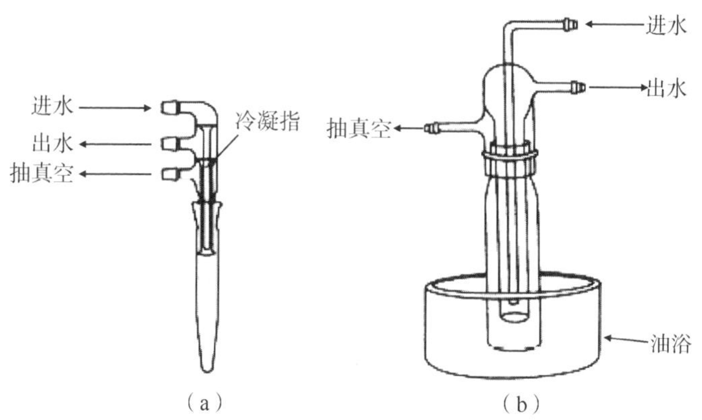

图 2.24　减压升华装置

2.6　色谱分离技术

色谱法是近代广泛用于分离、纯化和鉴定有机化合物的重要方法之一，也可以用于化合物纯度的鉴定和化学反应进程的跟踪。与经典的分离提纯手段相比，色谱法具有高效、灵敏、准确、简便及样品用量少等优点。按操作条件的不同，可分为柱色谱、薄层色谱、纸色谱、气相色谱及高效液相色谱；按原理大致可分为吸附色谱、分配色谱、离子交换色谱和凝胶渗透色谱。

吸附色谱主要以氧化铝、硅胶等为吸附剂，吸附剂将一些物质自溶液中吸附到它的表面。当用溶剂洗脱或展开时，由于吸附剂表面对不同化合物的吸附能力不同，不同化合物在同一种溶剂中的溶解度也不同，因此吸附能力强、溶解度小的化合物，移动的速率就小一些；而吸附能力弱、溶解度大的化合物，移动的速率就大一些。吸附色谱正是利用不同化合物在吸附剂和溶剂之间的分布情况不同而达到分离目的的。它可采用柱色谱和薄层色谱两种方式。

分配色谱主要是利用不同化合物在两种不相混溶的液体中的分布情况不同而得到分离，相当于一种溶剂连续萃取的方法。这两种液体分为固定相和流动相。固定相需要一种本身不起分离作用的固体吸住它，如纤维素、硅藻土等，称为载体。用作洗脱或展开的液体称为流动相。易溶于流动相的化合物，移动速率大一些；而在固定相中溶解度大的化合物，移动速率就小一些。纸色谱、气相色谱及高效液相色谱均属于分配色谱。

2.6.1 薄层色谱

薄层色谱(thin layer chromatography，简称 TLC)，是快速分离和定性分析少量物质的一种很重要的实验技术，也用于跟踪反应进程。此法是将吸附剂均匀地涂在玻璃板上作为固定相，经干燥活化后点上样品，以具有适当极性的有机溶剂作为展开剂(即流动相)。当展开剂沿薄层展开时，混合样品中易被固定相吸附的组分(即极性较强的成分)移动较慢，而较难被固定相吸附的组分(即极性较弱的成分)移动较快。经过一段时间的展开后，不同组分彼此分开，形成互相分离的斑点。记录原点至主斑点中心及展开剂前沿的距离，计算比移值(R_f)：

$$R_f=\frac{\text{溶质的最高浓度中心至原点中心的距离}}{\text{溶剂前沿至原点中心的距离}}$$

由于层析是在薄板上进行的，故称为薄层层析。

1. 薄层色谱用的吸附剂

薄层色谱的吸附剂最常用的是硅胶和氧化铝。

(1)硅胶。硅胶是无定形多孔性物质，略具酸性，适用于酸性物质的分离和分析。硅胶又分为硅胶 H、硅胶 G、硅胶 HF_{254} 和硅胶 GF_{254} 等不同类型。硅胶 H 不含黏合剂和其他添加剂；硅胶 G 含煅石膏黏合剂；硅胶 HF_{254} 含荧光物质，可于波长 254 nm 紫外光下观察荧光；硅胶 GF_{254} 既含煅石膏，又含荧光剂等类型。硅胶具有弱酸性(pH 3～4)，适用于酸性及中性物质的分离。

(2)氧化铝。与硅胶相似，氧化铝也因含黏合剂或荧光剂而分为氧化铝 G、氧化铝 GF_{254} 及氧化铝 HF_{254}。氧化铝的极性比硅胶大，适用于分离极性较小的化合物(烃、醚、醛、酮、卤代烃等)。

2. 薄层板的制备

薄层板制备的好坏直接影响色谱的结果。薄层应尽量均匀而且厚度合适，一般厚度为 0.25～1.00 mm。否则，在展开时溶剂前沿不齐，色谱结果也不易重复。

薄层板分为干板和湿板。湿板的制法有以下两种：

(1)平铺法。用商品或自制的薄层涂布器进行制板，适合于科研工作中数量较大、要求较高的需要。如无涂布器，可将调好的吸附剂平铺在玻璃板上，也可得到厚度均匀的薄层板。

(2)浸渍法。把两块干净玻璃片背靠背贴紧，浸入调制好的吸附剂中，取出后分开、晾干。

具体操作方法：取2 g硅胶G与5～7 mL 0.5%～1.0%的羧甲基纤维素钠的水溶液，调成糊状物，铺在清洁干燥的载玻片上，用手轻轻在玻璃板上来回摇振，使表面均匀平滑，室温下晾干。

大多数吸附剂都能强烈地吸水，且水分易被其他化合物置换，从而使吸附剂的活性降低，在使用时通常用加热方法使吸附剂活化。吸附剂的活性与含水量的关系见表2.7，其活性随含水量的增加而下降。

表2.7 吸附剂的活性和含水量的关系

活性等级	Ⅰ	Ⅱ	Ⅲ	Ⅳ	Ⅴ
氧化铝含水量/%	0	3	6	10	15
硅胶含水量/%	0	5	15	25	38

将晾干的薄层板置于烘箱中加热活化，慢慢升温。硅胶维持105～110 ℃活化30 min可得Ⅳ～Ⅴ级活性的薄层板。氧化铝板在200 ℃烘4 h可得Ⅱ级活性的薄层板，150～160 ℃烘4 h可得Ⅲ～Ⅳ级活性的薄层板。

3. 点样

点样前，先用铅笔在薄层板上距一端1 cm处轻轻画一横线作为起始线。通常将样品溶于低沸点溶剂（如丙酮、乙醇、氯仿、苯等）配成1%溶液，然后用内径小于1 mm的管口平整的毛细管吸取样品，小心地点在起始线上。若在同一板上点几个样，样点间距应为1.0～1.5 cm，斑点直径一般不超过2 mm。样品浓度太稀时，可待前一次溶剂挥发后，在原点上重复点样。点样浓度太稀会使显色不清楚，影响观察；但浓度过大则会造成斑点过大或产生拖尾现象等，影响分离效果。点样结束待样点干燥后，方可进行展开；点样要轻，不可刺破薄层。

4. 展开

薄层色谱的展开，是在充满展开剂的密闭容器中进行的。薄层色谱用的展开剂绝大多数是有机溶剂，溶剂的极性越大，则对化合物的洗脱力也越大，也就是说R_f值也越大。常用溶剂的极性按如下次序递增：己烷和石油醚＜环己烷＜四氯化碳＜三氯乙烯＜二硫化碳＜甲苯＜苯＜二氯甲烷＜氯仿＜乙醚＜乙酸乙酯＜丙酮＜丙醇＜乙醇＜甲醇＜水＜吡啶＜乙酸。

常用的展开方式有上升法、倾斜法和下降法等几种。上升法适用于含黏合剂的薄层板，是将薄层板垂直于盛有展开剂的容器中。倾斜上行法是将薄层板倾斜15°角放置（图2.25），适用于无黏合剂的软板。含有黏合剂的色谱板可以倾斜45°～60°角放置。下降法是将展开剂放在圆底烧瓶中，用滤纸或纱布等将展开剂吸到薄层板的上端，使展开剂沿板下行，这种连续展开的方法适用于R_f值小的化合物。薄层色谱需要在密闭的容器中展开，由此可使用特制的层析缸或用锥形瓶代替。

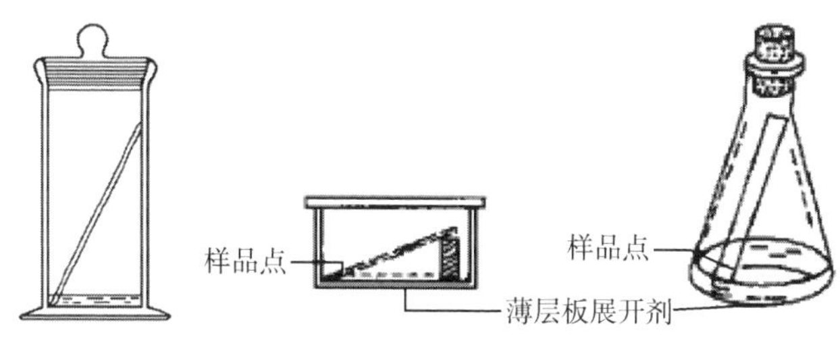

图2.25 薄层板的展开

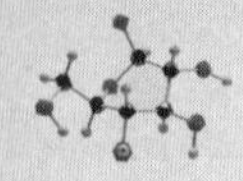

5. 显色

样品展开后，如本身有颜色，可直接看到斑点的位置。但是，大多数有机化合物是无色的，必须经过显色才能观察到斑点的位置，常用的显色方法如下：

(1)显色剂法。常用的显色剂有碘和三氯化铁水溶液等。由于碘能与许多有机化合物形成棕色或黄色的络合物，可在一密闭容器中放入几粒碘，将干燥的薄层板放入其中，必要时稍稍加热，让碘升华。当样品与碘蒸气反应后，取出薄层板，立即标记出斑点的形状和位置(薄层板放在空气中，由于碘挥发棕色斑点会很快消失)，并计算 R_f 值。

(2)外光显色法。用硅胶 GF_{254} 制成的薄层板，由于加入了荧光剂，在 254 nm 波长的紫外灯下，可观察到暗色斑点，此斑点就是样品点。

薄层色谱法不仅适用于少量或微量样品的分离，而且也适用于较大量样品(可达500 mg)的精制。此法对于挥发性较小，或在较高温度时易发生变化而不能用气相色谱法分析的物质特别适用。若要精制较大量样品，可将薄层板加长加宽，薄层加宽增厚，点样量增大，样品还可点成一条线。展开后将目标产物连同吸附剂一起刮下来，加溶剂萃取，脱除溶剂后即可得到目标产物。

薄层色谱也可以用于监测某些化学反应的进程，以研究该反应的最佳反应时间和最高反应产率。反应进行一段时间后，将反应混合物和产物的样品分别点在同一块薄层板上，展开后观察反应混合物中反应物斑点体积不断减小，产物斑点体积逐渐增加，了解反应进行的情况，从而控制反应进程。

2.6.2 柱色谱

柱色谱(柱上层析)常用的有吸附柱色谱和分配柱色谱两类。前者常用氧化铝和硅胶作固定相，后者则以附着在惰性固体如硅胶、硅藻土和纤维素等上的活性液体作为固定相(也称固定液)。

柱色谱的装置图如图 2.26 所示。吸附柱色谱通常在玻璃管中填入表面积很大、经过活化的多孔性或粉状固体吸附剂。当待分离的混合物溶液流过吸附柱时，各种成分同时被吸附在柱的上端。当洗脱剂流下时，由于不同化合物吸附能力不同，便以不同的速率下移，于是形成了不同层次，即溶质在柱中自上而下按对吸附剂亲和力大小分别形成若干色带，再用溶剂洗脱时，已经分开的溶质可以从柱上分别洗出收集；或者将柱吸干，挤出后按色带分割开，再用溶剂将各色带中的溶质萃取出来。对于分离柱上不显色的化合物，可用紫外光照射，通过所呈现的荧光来检查，或在用溶剂洗脱时，分别收集洗脱液，逐个加以检定，相同的级分合并，分别脱除溶剂后得到经柱层析分离的不同级分。

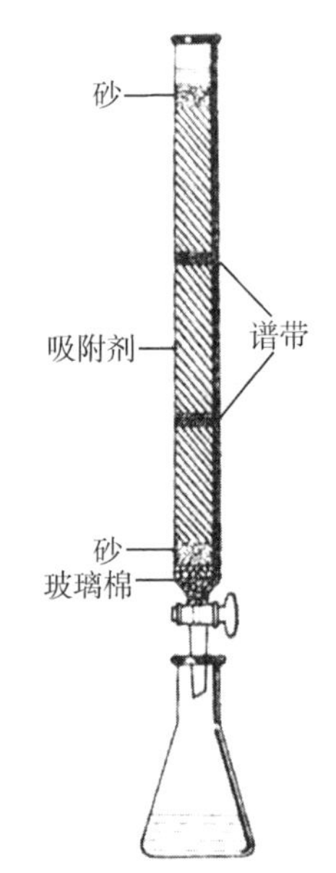

图 2.26 柱色谱装置

1. 吸附剂

常用的吸附剂有氧化铝、硅胶、氧化镁、碳酸钙和活性炭等。尤以氧化铝应用最多，有专供色谱用氧化铝商品。氧化铝因制法和处理方法不同有酸性、中性和碱性三类。酸性氧化铝(pH 3.5～4.5)适用于有机酸类物质的分离，中性氧化铝(pH 7.0～

7.5)适用于醛、酮、醌及酯类化合物的分离,碱性氧化铝(pH 9.0~10.0)适用于生物碱类化合物和烃类化合物的分离。

柱色谱的分离效果与吸附剂的颗粒度有关,柱色谱用的氧化铝以通过 100~150 目筛孔的颗粒为宜。颗粒太粗,溶液流出太快,分离效果不好;颗粒太细,表面积大,吸附能力强,但溶液流速太小。因此应根据实际需要而定。

2. 溶质的结构与吸附能力的关系

化合物的吸附性与它们的极性成正比,化合物分子中含有极性较大的基团时,吸附性也较强,氧化铝对各种化合物的吸附性按以下次序递减:酸和碱>醇、胺、硫醇>酯、醛、酮>芳香族化合物>卤代物、醚>烯>饱和烃。

3. 溶剂

溶剂的选择是重要的一环,通常根据被分离物中各种成分的极性、溶解度和吸附剂的活性等来考虑:①溶剂要求较纯,否则会影响试剂的吸附和洗脱。②溶剂和吸附剂不能发生化学反应。③溶剂的极性应比样品的极性小一些,否则样品不易被吸附剂吸附。④样品在溶剂中的溶解度不宜太大,否则影响吸附;也不能太小,否则溶液的体积增加,易使色谱分散。⑤有时可使用混合溶剂。如有的组分含有较多的极性基团,在极性小的溶剂中溶解度太小,可先选用极性较大的溶剂溶解,而后加入一定量的非极性溶剂,这样既降低了溶液的极性,又减少了溶液的体积。

4. 洗脱剂

洗脱剂是一种将吸附在吸附剂上的样品进行有效分离的溶液。它既可以是某种单一溶剂,也可以是一种混合溶液。如果原来用于溶解样品的溶剂冲洗柱子不能达到分离目的,可改用其他溶剂。一般极性较大的溶剂容易将样品洗脱下来,但达不到将样品逐一分离的目的。因此常使用一系列极性依次增大的溶剂。为了逐渐提高溶剂的洗脱能力和分离效果,也可用混合溶剂作为过渡。

一般先用薄层层析选择好适宜的溶剂,即在试剂用量较小的薄层板上通过选择不同的溶剂(柱层析的洗脱剂)来观察分离效果。

5. 柱色谱操作步骤

(1)装柱

装柱前应先将色谱柱洗干净,进行干燥。在柱底铺一小块脱脂棉,再铺一层厚约 0.5 cm 的石英砂,然后进行装柱。装柱分为湿法和干法两种,下面分别加以介绍。

①湿法装柱

将吸附剂(氧化铝或硅胶)用极性最低的洗脱剂调成糊状,在柱内先加入 3/4 柱高的洗脱剂,再将调好的吸附剂边敲打边倒入柱中,同时打开下旋转活塞,在色谱柱下面放一个干净且干燥的锥形瓶或烧杯,接收洗脱剂。当装入的吸附剂有一定的高度时,洗脱剂下流速度变慢,待所用吸附剂全部装完后,用流下来的洗脱剂转移残留的吸附剂,并将柱内壁残留的吸附剂淋洗下来。在此过程中,应不断敲打色谱柱,以便色谱柱填充均匀并没有气泡,柱子填完后,在吸附剂上端覆盖一层约 0.5 cm 厚的石英砂。这样可以使样品均匀地流入吸附剂表面；当加入洗脱剂时，石英砂又可防止吸附剂表面被破坏。在整个装柱的过程中，柱内洗脱剂的高度始终不能低于吸附剂最上端，否则柱内会出现裂痕和气泡。

②干法装柱

在色谱柱上端放一个干燥的漏斗，将吸附剂倒入漏斗中，使其成为一细流连续不断地装入柱中，并轻轻敲打色谱柱的柱身，使其填充均匀，再加入洗脱剂湿润。也可以先加入3/4的洗脱剂，再倒入吸附剂。由于硅胶和氧化铝的溶剂化作用易使柱内形成缝隙，所以这两种吸附剂不宜使用干法装柱。

(2)上样

先将吸附剂上端多余的溶剂放出，直到柱内液体表面达到吸附剂表面时，停止放出溶剂。沿管壁加入预先配制成适当浓度的样品溶液，注意加入样品时不能冲乱吸附剂平整的表面，样品溶液加完后，开启下端旋塞，使液体渐渐放出，至溶剂液面降至氧化铝表面时，即可用溶剂洗脱。

(3)洗脱和分离

在洗脱和分离的过程中，应当注意：①连续不断地加入洗脱剂，并保持一定高度的液面，在整个操作过程中勿使吸附剂表面的溶液流干，一旦流干再加溶剂，则易使色谱柱产生气泡和裂痕，影响分离效果。②收集洗脱液，如样品中各个组分有颜色，在柱上可直接观察，洗脱后分别收集各组分。在多数情况下，化合物没有颜色，收集洗脱液时多采用等份收集，每一等份的体积要合适，不宜过大。③要控制洗脱液的流出速度，一般不宜太快，太快了柱中交换来不及达到平衡，从而影响分离效果。④应尽量在一定时间完成一个柱色谱的分离，以免样品在柱上停留时间过长，发生变化。

收集到的各组分可以通过薄层层析法进行区分，位移值相同的组分可以合并。洗脱液分别脱除溶剂后即可得到不同组分的物质。

2.6.3 气相色谱

色谱法是一种重要的分离分析方法。利用不同物质在两相中具有不同的分配系数(或吸附系数、渗透性)，当两相做相对运动时，这些物质在两相中进行多次反复分配而实现分离。根据色谱法原理制成的仪器叫色谱仪，目前主要有气相色谱仪和液相色谱仪。

气相色谱(gas chromatography，GC)是以气体作为流动相的色谱法，根据固定相状态的不同，可以分为气固色谱和气液色谱。前者使用的固定相是具有一定活性的多孔性吸附剂，如硅胶、氧化铝、活性炭和分子筛等；后者适用的固定相为吸附在小颗粒固体表面的高沸点液体，通常称这种固体为载体，被吸附的液体称为固定液。气相色谱具有快速、高效、高灵敏度分离的特点，目前广泛用于沸点在500 ℃以下，对热稳定的挥发性物质的分离和鉴定，但是对于不易挥发或对热不稳定的化合物，以及腐蚀性物质的分离还有其局限性。

1. 原理

气相色谱中的气液色谱属于分配色谱，利用混合物中各组分在固定相与流动相之间的分配情况不同，从而达到分离的目的。当多组分的分析物质进入色谱柱时，由于各组分在色谱柱中的气相和固定液相间的分配系数不同，当汽化后的试样被载气带入色谱柱中运行时，组分就在其中的两相间进行反复多次的分配，由于固定相对各组分的吸附或溶解能力不同（即保留作用不同），因此各组分在色谱柱中的运行速率就不同，经过一定的柱长后，便彼此分离，依次离开色谱柱进入检测器，经检测后转换为电信号送至色谱数据处理装置处理，从而完成对被测物质的定性定量分析。

2. 气相色谱仪

常用的气相色谱仪通常由载气系统、进样系统、分离系统、温控系统、检测系统和记录系统等部件组成。

（1）载气系统

载气系统包括气源、气体净化器、气路控制系统。载气系统主要是储于钢瓶中的氢气、氦气、氮气、氩气等，用减压阀控制载气流量，使高压气体减压成低压气体（0.1～0.5 MPa）以供使用。用膜流量计测量载气流速，一般的流速控制在 30～120 mL/min。载气的作用主要是把样品输送到色谱柱和检测器中。

（2）进样系统

进样系统包括进样器和汽化室，它的功能是引入试样，并使试样瞬间汽化。气体样品可以用六通阀进样，进样量由定量管控制。液体样品可用微量注射器进样，在毛细管柱气相色谱中一般采用分流进样器。汽化室的作用是把液体样品瞬间加热变成蒸气，然后由载气带入色谱柱。

（3）分离系统

分离系统是色谱柱，它是色谱仪的核心部分。常用的有玻璃管柱及毛细管柱，一般玻璃柱长 1～10 m，柱内径 2～6 m；毛细管柱内径 0.10～0.75 mm，柱长 15～100 m，内壁涂有 0.1～0.5 μm 厚的固定液。色谱柱的功能是使试样在柱内运行的同时得到分离。

（4）温控系统

温度是气相色谱仪设备在进行分析时的一个重要的指标，它会直接影响色谱柱的分离效能以及检测器的灵敏度和稳定性。温度控制主要是指对汽化室、检测器、色谱柱箱等处的温度进行控制，尤其是其对色谱柱温度控制的要求很高，柱温直接影响柱的选择性和柱效。对于沸程较宽的混合物，可采用程序升温法分析。

（5）检测系统

检测器是测定试样组成及各组分含量的部件，它将经色谱柱分离后的各组分按其特性及含量转换为相应的电信号，然后对各组分的组成和含量进行鉴定和测量。常用的检测器有热导检测器、氢火焰离子化检测器、电子捕获检测器等。一个好的检测器应具有如下特性：①敏感；②应答快；③线性范围宽；④通用性和特征性；⑤性能稳定可靠，操作方便。

（6）记录系统

数据处理系统目前多采用配备操作软件包的工作站，用计算机控制，这样既可以对色谱数据进行自动处理，又可对色谱系统的参数进行自动控制。

3. 气相色谱分析

检测器信号由数据处理装置记录，就可得到色谱图，见图 2.27。图上出现的各个色谱

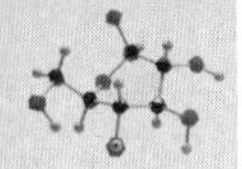

峰是定性、定量分析的依据。

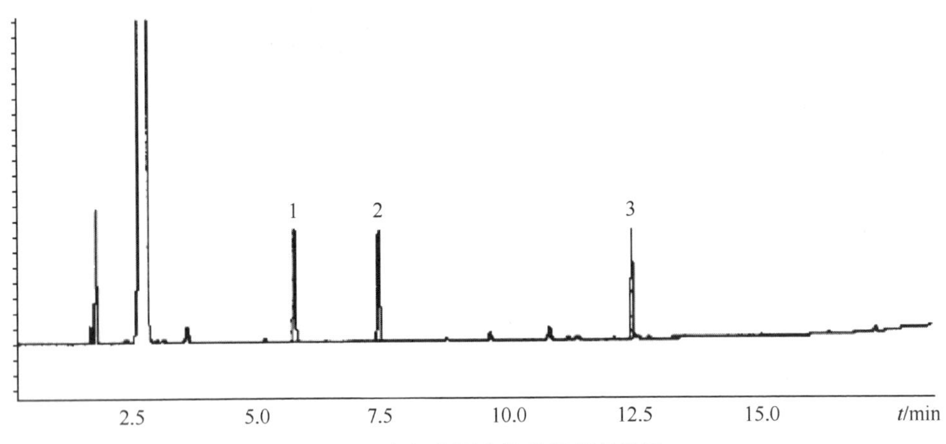

图 2.27　多组分混合物的气相色谱图

(1)样品的定性

①用纯物质的保留值对照定性。在一个确定的色谱条件下，每一个物质都有一个确定的保留值，所以在相同条件下，未知物的保留值和已知物的保留值相同时，就可以认为未知物即是用于对照的已知纯物质。

②用标准加入法来定性。首先在一定色谱条件下采集未知混合物样品的色谱峰，然后取一定量的混合物样品，加入怀疑有的纯物质，在相同的色谱条件下采集其色谱峰。两个色谱图进行比较，就会发现某一个峰的保留值相同，但加了某纯物质的色谱图上的色谱峰的峰高增加，峰面积增大，那么此峰即为某纯物质。

(2)样品的定量

色谱定量分析的依据是：在一定操作条件下，分析组分 i 的质量(m_i)或其在载气中的浓度与检测器的响应信号(峰高或峰面积)成正比，可写作：

$$m_i = f_i A_i$$

这是色谱定量分析的依据。由此可见，定量分析中需要：①准确测定峰面积；②准确求出比例系数 f(定量校正因子)；③正确选用定量计算方法。按下式将测得组分的峰面积换算为百分含量：

$$C_i = \frac{m_i}{m_{样}} \times 100\% = \frac{f_i A_i}{f_1 A_1 + f_2 A_2 + \cdots + f_n A_n} \times 100\% = \frac{f_i A_i}{\sum_{i=1}^{n} A_i f_i} \times 100\%$$

当只要求测定试样中某几个组分或者试样中所有组分不能全部出峰时，可用内标法或外标法。内标法是将一定量的纯物质作为内标物，加入准确称取的样品中，根据被测物的质量及其在色谱图上相应的峰面积比，求出某组分的含量。外标法是制作待测组分出峰面积与浓度的关系曲线，即标准曲线，然后在相同条件下测出被测组分的峰面积，查出对应的浓度。

4. SC-2000 气相色谱仪基本操作步骤

(1)将氮气、空气、氢气钢瓶气体总阀打开，调整输出压力稳定在 0.4 MPa 左右。

(2)打开色谱仪气体净化器的氮气开关，转到“开”的位置。注意观察色谱仪载气 B 的柱前压上升并稳定大约 5 min 后，打开色谱仪的电源开关。

(3)打开电脑，点击桌面“开始”菜单，拉出“程序”菜单，点击“SC-2000 色谱工作站”下的串口设置图标，设置串口，然后点击“在线色谱工作站”即可进入工作站。

(4)打开通道，编辑实验信息，根据需要，输入相应的实验标题、实验者、实验单位、实验简介。

(5)编辑实验方法。点击“方法”，依次设置采样控制、积分、组分表、谱图显示等，保存方法文件(.mtd)。

(6)点火。按住点火开关(每次点火时间不能超过 8 s)点火，同时用明亮的金属片靠近检测器出口，当火点着时在金属片上会看到有明显的水汽。如果在 6～8 s 时间内氢气没有被点燃，要松开点火开关，再重新点火。

(7)采集数据。在火点着后，待基线稳定后进样品，并同时点击“启动”按钮，进行色谱数据分析。分析结束时，点击“停止”按钮，数据即自动保存。

(8)实验结束后，首先关闭氢气和空气气源，使氢火焰检测器灭火，再将柱箱的初始温度、检测器温度及进样器温度设置为室温(20～30 ℃)，待温度降至设置温度后，关闭色谱仪电源，最后关闭氮气。

2.6.4 高效液相色谱

高效液相色谱(high performance liquid chromatography，HPLC)是以液体为流动相的柱色谱分析技术。现代高效液相色谱仪以其高效、快速和自动化等特点成为当代分析仪器中发展最快的仪器。高效液相色谱已成为操作方便、准确、快速并能解决复杂分离问题的强有力的分析手段，适于分离生物、医学大分子和离子化合物，以及强极性、热稳定性差的化合物。

1. 基本原理

根据试样中各组分在色谱柱中淋洗液和固定相间的分配系数不同，当试样随着流动相进入色谱柱中后，组分就在其中的两相间进行反复多次的分配(吸附—脱附—放出)，由于固定相对各种组分的吸附能力不同(即保留作用不同)，因此各组分在色谱柱中的运行速率就不同，经过一定的柱长后，便彼此分离，依次离开色谱柱进入检测器，产生的离子流信号经放大后，在记录器上描绘出各组分的色谱峰。

按分离机理的不同，高效液相色谱可以分为液-固吸附色谱、液-液分配色谱、离子交换色谱和凝胶渗透色谱四类。液-固吸附色谱的色谱柱内填充固体吸附剂；液-液分配色谱的流动相和固定相都是液体，作为固定相的液体涂在惰性载体上；离子交换色谱的色谱柱内填充离子交换树脂，依样品离子交换能力的不同实现分离；凝胶渗透色谱是按试样中分子大小的不同来进行分离的。

2. 仪器结构

高效液相色谱仪由输液系统、进样系统、分离系统、检测系统和数据处理系统组成。

(1)输液系统

高压输液系统由储液器、高压输液泵和梯度淋洗装置组成。

储液器主要用来提供足够数量的符合要求的流动相以完成分析工作，一般是以不锈钢、玻璃、聚四氟乙烯或特种塑料聚醚醚酮(PEEK)衬里为材料，容积一般以 0.5～2.0 L 为宜。

所有溶剂在放入储液器之前必须经过 0.45 μm 滤膜过滤，除去溶剂中的固体杂质，以防输液管道或进样阀阻塞。

由于高效液相色谱仪所用色谱柱直径小，固定相粒度小，流动相阻力大，因此，必须借助于高压泵使流动相以较快的速率流过色谱。高压输液泵是高效液相色谱仪的核心部件，其作用是将流动相以稳定的流速或压力输送到色谱分离系统。

梯度洗脱就是在分离过程中使两种或两种以上不同极性的溶剂按一定程序连续改变它们之间的比例，从而使流动相的强度、极性、pH 值或离子强度相应地变化，达到提高分离效果、缩短分析时间的目的。它的作用与气相色谱中的程序升温类似。

(2)进样系统

进样系统包括进样口、注射器和进样阀等，其作用是把分析试样有效地送入色谱柱上进行分离。进样系统要求密封性好，死体积小，重复性好，保证中心进样，进样时对色谱系统的压力和流量影响小。现在大都使用六通进样阀或自动进样器。

(3)分离系统

分离系统包括色谱柱、恒温器和连接管等部件。色谱柱是高效液相色谱仪的"心脏"。它由内部抛光的不锈钢管制成，一般长 10～50 cm，内径 4～5 mm，柱内装有固定相，分离的效能直接取决于所选择的固定相类型。填充完毕的色谱柱是有方向的，安装和更换色谱柱时一定要使流动相按箭头所指方向流动。

在高效液相色谱分析中，适当提高柱温可改善传质，提高柱效，缩短分析时间。因此，在分析时可以采用带有恒温加热系统的金属夹套来保持色谱柱的温度。温度可以在室温到 60 ℃间调节。

(4)检测系统

检测器是液相色谱仪的关键部件之一。对检测器的要求是：灵敏度高，重复性好，线性范围宽，死体积小，对温度和流量的变化不敏感等。在液相色谱中，有两种类型的检测器。一类是溶质性检测器，它仅对被分离组分的物理或物理化学特性有响应。属于此类检测器的有紫外、荧光、电化学检测器等。另一类是总体检测器，它对试样和洗脱液总的物理和化学性质响应。属于此类检测器的有示差折光检测器等。

紫外检测器是液相色谱中应用最广泛的检测器，适用于有紫外吸收物质的检测。在进行高效液相色谱分析的样品中，约有 80%的样品可以使用这种检测器。根据朗伯-比尔定律，样品浓度越大，产生的信号越强。这种检测器灵敏度高，检测下限约为 10^{-9} g/mL，而且线性范围宽，对温度和流速不敏感，适于进行梯度洗脱。

示差折光检测器是根据不同物质具有不同折射率来进行组分检测的。凡是具有与流动相折射率不同的组分，均可以使用这种检测器。如果流动相选择适当，可以检测所有的样品组分。示差折光检测器分为反射式和折射式两种。示差折光检测器的优点是通用性强，操作简便；缺点是灵敏度低，最低检出限约为 10^{-7} g/mL，不能做痕量分析。由于洗脱液组成的变化会使折射率变化很大，因此这种检测器不适用于梯度洗脱。

许多有机化合物具有天然荧光活性；有些化合物可以利用柱后反应法或柱前反应法加入荧光试剂，使其转化为具有荧光活性的衍生物。在其他条件一定的情况下，荧光强度与物质的浓度成正比。荧光检测器是一种选择性检测器，适合于稠环芳烃、氨基酸、胺类、维生素、蛋白质等荧光物质的测定。这种检测器灵敏度高，检出限可达 10^{-13}～10^{-12} g/mL，适合痕量分析，而且可以用于梯度洗脱。其缺点是适用范围有一定的局限性。

3. 高效液相色谱的应用

高效液相色谱也可采用气相色谱的常用技术，利用样品在色谱过程中的特性进行定性和定量分析。

当进行定性分析时，可用色谱鉴定法定性，如标准物对照法、保留值定性法、保留指数定性法和文献值对照法等。当进行定量分析时，其测定方式和计算方法与气相色谱相同，可用面积归一化法、内外标法等。高效液相色谱还可用于制备纯物质，其做法是：在色谱仪的出口处安装一个馏分收集器，按色谱峰的出峰信号逐一收集，除去流动相后可得到纯物质。

4. Agilent LC1100 高效液相色谱仪操作规则

(1)启动电脑进入 Windows 后，电脑自动运行 CAG Bootp Server。

(2)从上往下打开液相色谱仪各模块前左下方的电源开关，各模块进入自检，右上角的指示灯不同颜色闪烁几下最后变成橘黄色(或灭掉 ALSRID)，启动完成。

(3)启动后，在 Bootp 内有出现 6 行 Status 的 LC1100 广播信息，表示仪器与电脑网络连接成功，最小化 Bootp 的窗口，不要关闭。

(4)双击电脑桌面的“Instrument 1 Online”图标，进入液相色谱化学工作站，点击“Method”，选择“Run Control”界面。

(5)调用或者编辑相应的操作方法，待工作站提示“Ready”(变绿色)，仪器基线平衡稳定后，点击“Start”按钮，开始做样品采集数据。

(6)实验完成后，根据具体情况使用水或溶剂，泵流量设为 1.0 mL/min，把系统的管道及柱子清洗干净。

(7)把系统关掉(即把泵停下来及检测器的灯灭掉等)，若有 seal wash 组件，把其清洗的水卡住。

(8)先退出 LC1100 化学工作站，然后从下往上关掉液相色谱仪各模块前左下方的电源开关。

(9)先关闭 Bootp 程序，才能退出 Windows 系统，然后关掉电脑电源。

2.7　光谱法鉴定有机化合物结构

2.7.1　紫外与可见光谱

研究物质在紫外-可见光区的分子吸收光谱的分析方法称为紫外-可见分光光度法(ultraviolet-visible absorption spectrometry，UV-Vis)。紫外-可见分光光度法是利用某些物质的分子吸收 200～900 nm 光谱区的辐射来进行分析测定的方法。这种分子吸收光谱的产生是由于于价电子和分子轨道上的电子在电子能级间的跃迁，广泛用于无机和有机物质的定性和定量测定。

1. 基本原理

基态有机分子中可以跃迁的电子有 σ 电子、π 电子和非键电子(n)。在紫外光的照射下，这些电子就会跃迁到较高的能级，所产生的吸收光谱称为紫外-可见吸收光谱。此时电子所占的轨道称为反键轨道，而这种电子跃迁同内部的结构有密切的关系。由图 2.28 示意图可知，各种电子跃迁所需能量顺序为：$\sigma \rightarrow \sigma^* > n \rightarrow \sigma^* > \pi \rightarrow \pi^* > n \rightarrow \pi^*$。由于一般紫外-可见分光光度计只能提供 190～850 nm 范围内的单色光，因此只能测量 $n \rightarrow \sigma^*$ 跃迁、$n \rightarrow \pi^*$ 跃迁和部分 $\pi \rightarrow \pi^*$ 跃迁的吸收，而对只能产生 200 nm 以下吸收的 $\sigma \rightarrow \sigma^*$ 跃迁则无法测量。

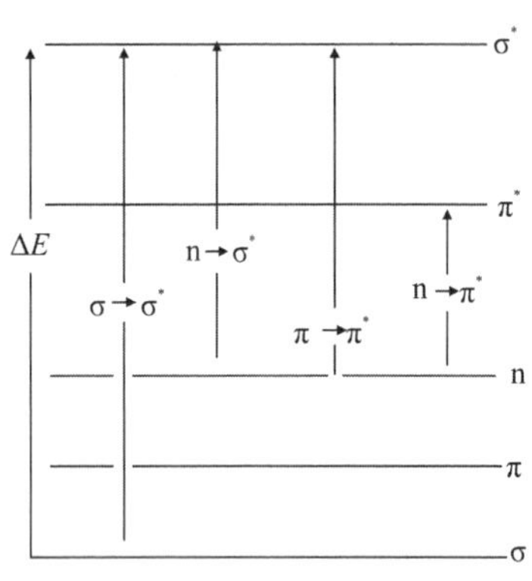

图 2.28　各种电子跃迁所需能量示意

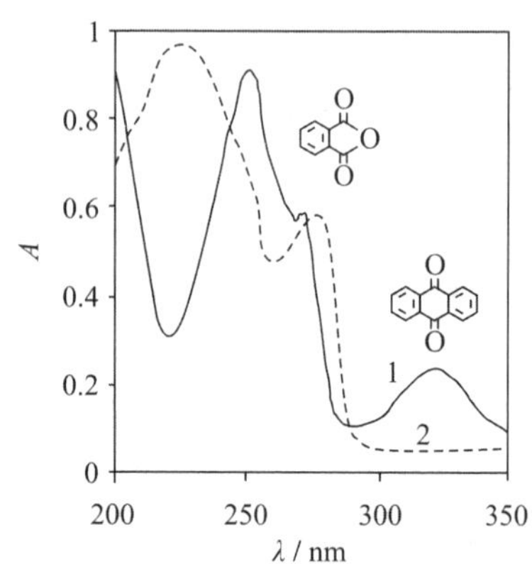

图 2.29　蒽醌(曲线 1)和邻苯二甲酸酐(曲线 2)的 UV 图谱

图 2.29 为蒽醌和邻苯二甲酸酐的紫外-可见光谱图，反映了物质对不同波长光的吸收情况。一般以波长(nm)为横坐标，以吸收强度为纵坐标。吸收强度常用摩尔吸收系数 ε 或者 lgε 表示。

紫外-可见吸收光谱定性分析的依据：光吸收程度最大处的波长叫作最大吸收波长，用 λ_{max} 表示，同一种吸光物质，浓度不同时，吸收曲线的形状不同，λ_{max} 不变，只是相应的吸光度大小不同。

紫外-可见分光光度法定量分析的依据是朗伯-比尔定律。当单色光通过液层厚度一定的含吸光物质的溶液后，溶液的吸光度 A 与溶液的浓度 c 成正比：

$$A = \lg(1/T) = Kbc$$

A 为吸光度，T 为透光率，K 为吸光系数，b 为液层厚度，c 为物质浓度。

2. 紫外-可见吸收光谱在有机化学中的应用

紫外-可见吸收光谱应用广泛，不仅可进行定量分析，还可利用吸收峰的特性进行定性分析和简单的结构分析，测定一些平衡常数、配合物配位比等；也可用于无机化合物和有机化合物的分析，对于常量、微量、多组分都可测定。

(1)化合物的鉴定

紫外-可见吸收光谱在研究化合物的结构中的主要作用是推测官能团、结构中的共轭体系以及共轭体系中的取代基的位置、种类和数目等。物质的紫外吸收光谱基本上是其分子中生色团及助色团的特征，而不是整个分子的特征。只根据紫外光谱不能完全确定物质的分子结构，还必须与红外吸收光谱、核磁共振波谱、质谱以及其他化学、物理方法共同配合才能得出可靠的结论。

(2)纯度检查

紫外光谱的灵敏度很高，如果有机化合物在紫外-可见光区没有明显的吸收峰，而杂质在紫外区有较强的吸收，则可利用紫外光谱检验化合物的纯度。

(3)异构体的确定

对于异构体的确定，可以通过 Woodward、Scott 经验规则计算出 λ_{max} 值，与实测值比较，即可证实化合物是哪种异构体。

(4)氢键强度的测定

在实际应用中，不同的极性溶剂产生氢键的强度不同，可以利用紫外-可见吸收光谱来测定化合物在不同溶剂中的氢键强度，以确定选择哪一种溶剂。

(5)定量分析

紫外光谱用作定量分析，比红外光谱法灵敏。按朗伯-比尔定律可以测定有机化合物的含量。

3. UV 2550 紫外-可见分光光度计操作规则

紫外-可见吸收光谱属于分子光谱，是由于价电子的跃迁而产生的，可用紫外-可见分光光度仪测定。目前常用的紫外-可见分光光度仪测定范围为近紫外(200～400 nm)和可见(400～800 nm)两个光谱区。

(1)打开 UVPROBE 软件，仪器自检，完毕后，跳出主界面，选择测量模式：光度、光谱、动力学等。

①光谱模式：选择“方法”，设置光谱的波长范围、扫描速度、采样间隔等条件。点击图中“仪器参数”标签，可选择测定种类(吸收值、透射率、能量、反射率)以及通带(狭缝)等条件。首先点击“基线校正”，然后点击“波长”，设置为 500 nm，再点击“自动调零”。此后，设置样品“开始”即可开始扫描。

②光度模式：选择“方法”，设置光的波长，波长类型选择“点”，然后在“方法”中选择“校准”，在此决定用工作曲线法定量，并选择多点、单点或 K 因子法等。放入空白进行自动调零。此后，样品室内逐个放入标准样品，点击读数键即可。无论是测定标准还是未知样品，都必须输入名称才有效。

③动力学模式：选择“方法”，设置波长，测定的波长栏内可选择单波长或双波长。由于是自动计时方式，所以采样步长和读数次数将根据时间总量自动设置。

(2)关机步骤：先关软件，再关仪器。

2.7.2　红外光谱

当样品受到频率连续变化的红外光照射时，分子吸收某些频率的辐射，并由其振动或转动运动引起偶极矩的净变化，产生分子振动和转动能级从基态到激发态的跃迁，从而形成的分子吸收光谱称为红外光谱，又称为分子振动转动光谱。

1. 基本原理

(1)产生红外吸收的条件

①分子振动时，必须伴随有瞬时偶极矩的变化。对称分子：没有偶极矩，辐射不能引起共振，无红外活性，如 N_2、O_2、Cl_2 等。非对称分子：有偶极矩，有红外活性。

②只有当照射分子的红外辐射的频率与分子某种振动方式的频率相同时，分子吸收能量后，从基态振动能级跃迁到较高能量的振动能级，从而在图谱上出现相应的吸收带。典型红外

谱图如 2.30 所示。横坐标为频率或波长,以表示吸收带的位置;纵坐标为透射百分率(transmittance,T),表示吸收强度,吸收带为向下的谷。透光率越大,吸收强度越低。

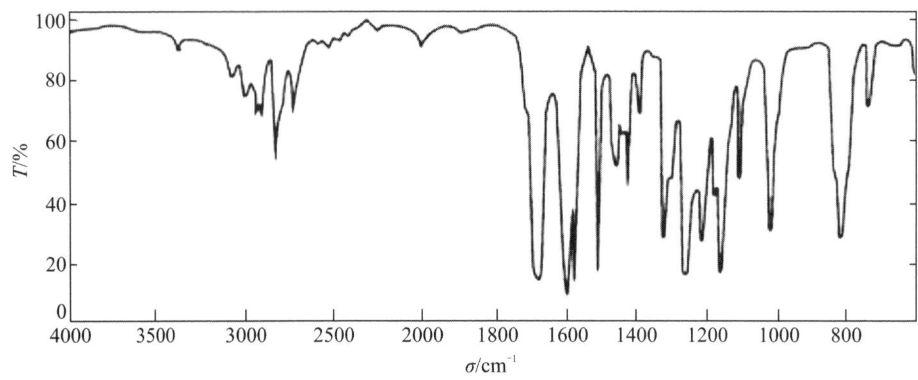

图 2.30　红外光谱

(2)分子的振动类型

分子中存在着两种振动形式,即伸缩振动和弯曲振动。伸缩振动伴随着键长变动,包括对称与非对称伸缩振动;弯曲振动也称变角振动,包括剪式振动、平面摇摆、面外摇摆、扭曲振动,如图 2.31 所示。

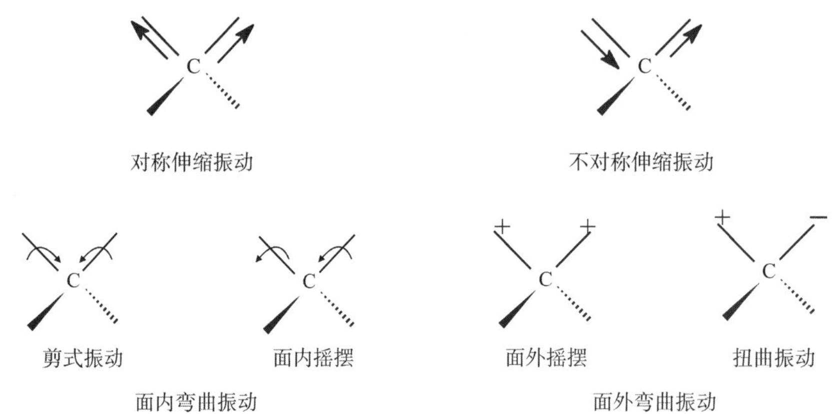

图 2.31　分子振动形式

分子基本振动频率的计算公式为:

$$\sigma=\frac{1}{2\pi c}\sqrt{k\left(\frac{1}{m_1}+\frac{1}{m_2}\right)}$$

σ 为振动频率,π 和 c 为常数,k 为键的力学常数,m_1、m_2 为原子的质量。

可见吸收频率随键的强度的增加而增加,随成键原子质量的增加而减少。化学键的力常数越大,原子折合质量越小,则振动频率越高,吸收峰将出现在高波数区(即短波区)。当振动频率和入射光的频率一致时,入射光就被吸收,因而同一基团基本上总是相对稳定地在某一稳定范围内出现吸收峰。

(3)红外光谱与分子结构

利用红外光谱鉴定有机物,实际上就是确定基团与频率的相互关系。通常把红外光谱分为两部分：①4000～1400 cm^{-1}部分是官能团特征吸收峰出现较多的部分，主要由分子的伸缩振动引起，叫官能团区。②1400～600 cm^{-1}部分为指纹区，由化学键的弯曲振动和部分单键的伸缩振动引起。各峰出现情况受整个分子结构影响较大，谱图千变万化，但对每个分子都是特殊的，因此称为指纹区，它对鉴定各个有机化合物是很有用的。

2. 红外光谱的应用

(1)化合物的鉴定

将试样的谱图与标准的谱图进行对照，或者与文献上的谱图进行对照，如果两张谱图各吸收峰的位置和形状完全相同，峰的相对强度一样，就可以认为样品是该种标准物。如果两张谱图不一样，或峰位不一致，则说明两者不为同一化合物，或样品中有杂质。如用计算机谱图检索，则采用相似度来判别。使用文献上的谱图应当注意试样的物态、结晶状态、溶剂、测定条件以及所用仪器类型均应与标准谱图相同。

用红外光谱鉴定化合物，其优点是简便、迅速和可靠；同时样品用量少，可回收；对样品也无特殊要求，无论气体、固体和液体均可以进行检测。有关化合物的鉴定包括下列几种：①鉴别化合物的异同；②鉴别光学、顺反、构象、互变异构体。

(2)定性分析

根据主要的特征峰可以确定化合物中所含官能团，以此鉴别化合物的类型。如某化合物的图谱中只显示饱和 C—H 特征峰，就是烷烃化合物；如有 =C—H 和 C=C 或 C≡C 等不饱和键的峰，就属于烯类或炔类；其他官能团如 H—X、X≡Y、 >C=O 和芳环等也较易认定，从而可以确定化合物为醇、胺、脂或羰基等。

同一种官能团如果处在不同的化合物中，就会因化学环境不相同而具有不同的吸收峰位置，从而为推定化合物的分子结构提供十分重要的信息。以羰基化合物为例，有酯、醛和酸酐等，利用化学性质有的容易鉴别，有的却很困难，而红外光谱就比较方便和可靠。红外光谱用于定性方面的另一长处是 5000～1250 cm^{-1}区内官能团特征峰与紫外光谱一样有加和性，可用它鉴定复杂结构分子或二聚体中含官能团的各个单体。

(3)定量分析

红外分光光度法同其他分光光度法一样，可按照朗伯-比尔定律进行定量分析。

混合物的光谱是各成分光谱的加和，因此可以利用光谱中的特定峰测量混合物中各成分的百分含量。有机化合物中官能团的力常数有相当大的独立性，故各成分可选一两个特征峰，测其不同浓度下的吸收强度，得到浓度对吸收强度的工作曲线。用同一吸收池装混合物，分别在各成分的特征峰处测定吸收强度，从相应的工作曲线上求取各成分的含量。

(4)鉴定样品纯度和指导分离操作

通常纯样品的光谱吸收峰较尖锐，彼此分辨清晰；如果含 5%以上杂质，由于多种分子各自的吸收峰互相干扰，常会降低每个峰的尖锐度，因而有的线条会模糊不清。加之有杂质本身的吸收，因而混合物样品的光谱吸收峰数目比纯样品多，故与标准图谱对比即可判断纯度。

(5)研究化学反应中的问题

在化学反应过程中可直接用反应液或粗品进行检测。根据原料和产物特征峰的消长情况，能及时对反应进程、反应速度、反应时间和收率的关系等问题做出判断。

3. TENSOR 27 红外光谱仪操作规则

(1)开机步骤

①按仪器后侧的电源开关,开启仪器,加电后,开始自检过程(约 30 s)。自检通过后,状态灯由红变绿。仪器加电后至少要等待 10 min,等电子部分和光源稳定后,才能进行测量。

②开启电脑,运行 OPUS 操作软件,检查电脑与仪器主机通信是否正常。

③设定适当的参数,检查仪器信号是否正常,若不正常需要查找原因并进行相应的处理,正常后方可进行测量。

④仪器稳定后,进行测量。

(2)测量步骤

①根据实验要求,设置实验参数。

②根据样品选择背景。

③测量背景谱图。

④准备样品(如用压片机压片或液体池等)。

⑤将样品放入样品室的光路中(如放在样品架或其他附件上)。

⑥测量样品谱图。

⑦对谱图进行相应处理。

(3)关机步骤

①移走样品仓中的样品,确保样品仓清洁。

②按仪器后侧电源开关,关闭仪器。

③关闭电脑。

④若有必要,还需要从电源插座上拔下电源线。

第 3 章　基本操作训练和合成实验

3.1　工业乙醇的蒸馏与分馏

3.1.1　实验目的

(1)熟悉和掌握蒸馏、分馏的基本原理、应用范围,了解蒸馏和测定沸点的意义。

(2)熟练掌握蒸馏的操作要领和方法。

(3)掌握分馏柱的工作原理和常压下的简单分馏操作方法。

3.1.2　实验原理

实验证明,液体的蒸气压只与温度有关,即液体在一定温度下具有一定的蒸气压。液态物质受热时蒸气压增大,待蒸气压大到与大气压或所给压力相等时液体沸腾,这时的温度称为液体的沸点。

将液体加热至沸腾,使液体变为蒸气,然后使蒸气冷却再凝结为液体,这两个过程的联合操作称为蒸馏。蒸馏是提纯液体物质和分离混合物的一种常用方法。纯粹的液体有机化合物在一定的压力下具有一定的沸点(沸程 0.5～1.5 ℃)。利用这一点,可以测定纯液体有机物的沸点,称为常量法,对鉴定纯的液态有机物有一定的意义。

应用分馏柱将几种沸点相近的混合物进行分离的方法称为分馏。将几种具有不同沸点而又可以完全互溶的液体混合物加热,当其总蒸气压等于外界压力时,就开始沸腾汽化,蒸气中易挥发液体的成分较在原混合液中多。在分馏柱内,当上升的蒸气与下降的冷凝液互相接触时,上升的蒸气部分冷凝放出热量使下降的冷凝液部分汽化,两者之间发生了热量交换,其结果是上升蒸气中易挥发性组分增加,而下降的冷凝液中高沸点组分(难挥发性组分)增加,如此继续多次,就等于进行了多次气液平衡,即达到了多次蒸馏的效果。这样,靠近分馏柱顶部易挥发性组分比例高,而在烧瓶里高沸点组分(难挥发性组分)的比例高。因此只要分馏柱足够高,就可将各组分完全分开。

蒸馏和分馏的基本原理是一样的,都是利用有机物质的沸点不同,在蒸馏过程中低沸点的组分先蒸出,高沸点的组分后蒸出,从而达到分离提纯的目的。不同的是:分馏借助于分馏柱使一系列的蒸馏不需多次重复,一次得以完成(分馏即多次蒸馏)。此外,二者应用范围也不同:蒸馏时混合液体中各组分的沸点要相差 30 ℃以上才可以进行分离,而要彻底分离沸点要相差 110 ℃以上;分馏可使沸点相近的互溶液体混合物(甚至沸点仅相差 1～2 ℃)得到分离和纯化。工业上的精馏塔就相当于分馏柱。

3.1.3 仪器和药品

1. 仪器

圆底烧瓶，磨口温度计，蒸馏头，直形冷凝管，接液管，锥形瓶，电热套，铁架台、铁夹、十字顶针，升降台，量筒，橡皮管，韦氏分馏柱，比轻计等。

2. 药品

工业乙醇，沸石。

3. 实验装置

主要由汽化、冷凝和接收三部分组成，如图3.1、图3.2所示。

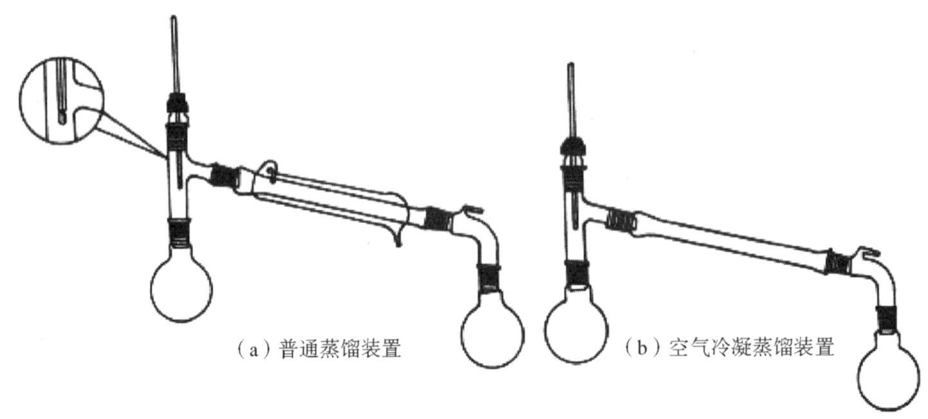

图3.1 常压蒸馏装置

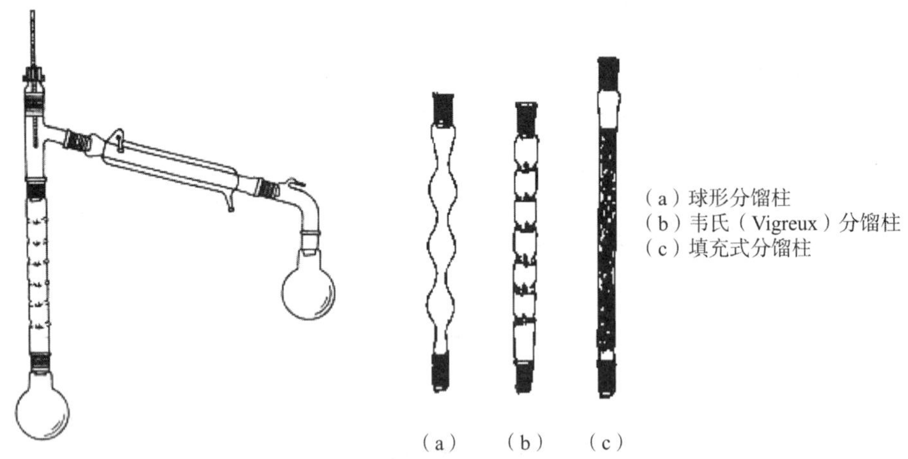

图3.2 分馏装置及分馏柱类型

安装仪器的顺序一般是先从热源处(电热套)开始，然后由下而上、从左到右。先把圆底烧瓶放入电热套中(不得触及底部)，然后用铁夹固定在铁架台上。圆底烧瓶上端连有蒸馏头，蒸馏头上端插入磨口温度计。

安装冷凝管时应先调整它的位置，使冷凝管的中心线与蒸馏头支管的中心线在一条直线上，然后用铁夹固定在另一铁架台上(铁夹夹住冷凝管的中下部)。松开冷凝管铁夹，使冷凝管沿中心线移动与蒸馏头支管相连，这样才不致折断蒸馏头支管，然后将铁夹夹紧。各铁夹不应夹得太紧或太松，以夹住后稍用力尚能转动为宜。冷凝管下端连接接液管，接液管末端伸入接收器中(常用锥形瓶)。接液管与锥形瓶间不可密闭，要与大气相通。冷凝管下端的进水口用橡皮管与自来水龙头相连，上端的出水口用橡皮管导入水槽中(出水口应朝上，保证套管中充满水)。

3.1.4　实验步骤

1. 工业乙醇[1]的蒸馏

(1)加料。取 60 mL(V_1)工业乙醇样品倒入测定密度用的量筒中，小心放入比轻计，待其稳定后(勿使其靠在筒壁上)，读出其相对密度 ρ_1。查附录 B，记录待蒸馏样品中乙醇的质量分数 w_1。

将工业乙醇小心倒入蒸馏瓶中，不要使液体从支管流出。加入少量沸石(绿豆大小)，装好温度计套管，注意温度计的位置。检查仪器各部分连接处是否紧密不漏气。

(2)加热。先打开冷凝水龙头，缓缓通入冷水，然后开始加热。注意冷水自下而上，蒸气自上而下，两者逆流冷却效果好。当液体沸腾，蒸气到达水银球部位时，温度计读数急剧上升，蒸气进入冷凝管被冷凝为液体滴入接收瓶，记录从蒸馏头指管滴下第一滴馏出液时的温度 t_1。调节热源，让水银球上液滴和蒸气温度达到平衡(蒸馏时，温度计水银球上应始终保持有液滴存在)，使蒸馏速度以每秒 1～2 滴为宜。

蒸馏时若热源温度太高，使蒸气成为过热蒸气，造成温度计所显示的沸点偏高；若热源温度太低，体系内气、液相没有达到平衡，馏出物蒸气不能充分浸润温度计水银球，造成温度计读数偏低或无规律。

(3)收集馏液。注意观察蒸馏烧瓶中蒸气上升的情况及温度计读数的变化。每馏出 1 mL记录一次温度。当温度计读数恒定时，换一个干燥的锥形瓶作接收器，收集馏出液，并记录这一温度 t_2。当温度再上升 2 ℃(t_3)时，即停止蒸馏或分馏。t_2～t_3 为较高浓度乙醇产品的沸程。

在所需馏分蒸出后，温度计读数会突然下降或明显升高，此时应停止蒸馏。即使杂质很少，也不要蒸干，以免蒸馏瓶破裂及发生其他意外事故。

(4)拆除蒸馏装置。馏分蒸完后，如不需要接收第二组分，可停止蒸馏。应先停止加热，将变压器调至零点，关掉电源。待稍冷却后馏出物不再继续流出时，保存好产物，关掉冷却水，移除热源，按安装仪器的相反顺序拆除仪器，即按次序取下接收瓶、尾接管、冷凝管和蒸馏烧瓶，并在冷却后加以清洗。

(5)记录馏出液、前馏分和残余液的体积 V_2、$V_{前}$、$V_{残余}$，测试馏出液的相对密度 ρ_2，记录产品中乙醇的质量分数 w_2。弃去残液，把各馏分回收到指定瓶中。计算回收率。

$$回收率=(\rho_2 V_2 w_2)/(\rho_1 V_1 w_1)\times 100\%$$

2. 工业乙醇的分馏

(1)加料。在 100 mL 圆底烧瓶中放入 60 mL(V_1)工业乙醇,加少量沸石(绿豆大小),安装好分馏装置(图 3.2)。

(2)加热。通冷凝水,水浴加热,控制加热速度,收集前馏分。

(3)收集馏液。当温度达到沸点时,调换接收器,收集馏出液,馏出速度控制在每秒 1～2 滴,记下温度。收集过程记录温度随时间的变化关系。

(4)拆除蒸馏装置。温度计读数会突然下降或明显升高时,即可停止加热,拆除蒸馏装置。

(5)记录馏出液、前馏分和残余液的体积 V_2、$V_{前}$、$V_{残余}$,测试馏出液的相对密度 ρ_2,记录对应 w_2,弃去残液,把各馏分回收到指定瓶中。计算回收率,并与蒸馏对比,比较蒸馏与分馏的效果。

注释:

[1]工业乙醇因来源和制造厂家的不同,其组成不尽相同,其主要成分为乙醇和水,除此之外一般含有少量低沸点杂质和高沸点杂质,还可能溶解有少量固体杂质。通过简单蒸馏可以将低沸物、高沸物及固体杂质除去,但水可与乙醇形成共沸物,故不能将水和乙醇完全分离。蒸馏所得的是含乙醇 95.6%和水 4.4%的混合物,相当于市售的 95%乙醇。

3.1.5 实验关键及注意事项

(1)蒸馏及分馏效果好坏与操作条件有直接关系,其中最主要的是控制馏出液流出速度,不能太快,否则达不到分离要求。

(2)如果前馏分太少,当温度升高至沸点时仍在冷凝管内流动,尚未滴入接收瓶,则应将最初接得的四五滴液体舍弃(当作前馏分处理)后再更换接收瓶。如果蒸馏瓶中只剩下 0.5～1.0 mL 液体,而温度仍然未升高,也应停止蒸馏,不宜将液体蒸干。

(3)必须尽量减少分馏柱的热量损失和波动。柱的外围可用石棉包住,这样可以减少柱内热量的散发,减少风和室温的影响,也减少了热量的损失和波动,使加热均匀,分馏操作平稳地进行。

(4)常压蒸馏不能将装置封闭起来,否则会引起爆炸。

3.1.6 思考题

(1)什么叫沸点?液体的沸点和大气压有什么关系?

(2)蒸馏时加入沸石的作用是什么?如果蒸馏前忘记加沸石,能否立即将沸石加至将近沸腾的液体中?当重新蒸馏时,用过的沸石能否继续使用?

(3)如果液体具有恒定的沸点,那么能否认为它是纯物质?

(4)分馏和蒸馏在原理及装置上有哪些异同?两种沸点很接近的液体组成的混合物能否用分馏来提纯呢?

(5)什么叫共沸物?为什么不能用分馏法分离共沸混合物?

3.2　苯甲酸的重结晶

3.2.1　实验目的

(1)学习重结晶法提纯固体有机化合物的原理和方法。

(2)掌握抽滤、热过滤操作和折叠滤纸的方法。

3.2.2　实验原理

重结晶是利用被提纯物和杂质在某种溶剂中溶解度的差异及各自在混合物中的含量不同而进行的一种分离纯化方法。绝大多数化合物在溶剂中的溶解度随温度升高而增大，随温度下降而减小。通常混合物中被提纯物为主要成分，其含量较高，容易配制成热的饱和溶液，而此时杂质则远未达到饱和溶液。因此，当热的饱和溶液冷却时，被提纯的物质由于溶解度下降会结晶出来，而杂质则全部或部分留在溶液中(若杂质在溶剂中的溶解度极小，则配成热饱和溶液后被过滤除去)，这样便达到了提纯的目的。

从有机合成反应分离出来的固体粗产物往往含有未反应的原料、副产物及杂质，必须加以分离纯化，重结晶是分离提纯纯固体化合物的一种重要的、常用的分离方法。

重结晶适用于产品与杂质性质差别较大、产品中杂质含量小于 5%的体系。

3.2.3　仪器和药品

1. 仪器

循环水泵，抽滤瓶，布氏漏斗，热水保温漏斗，短颈玻璃漏斗，表面皿，量筒，烧杯，电热套，圆底烧瓶，台秤，烘箱。

2. 药品

苯甲酸粗品，活性炭，沸石。

3. 其他

滤纸。

3.2.4　实验步骤

重结晶步骤：

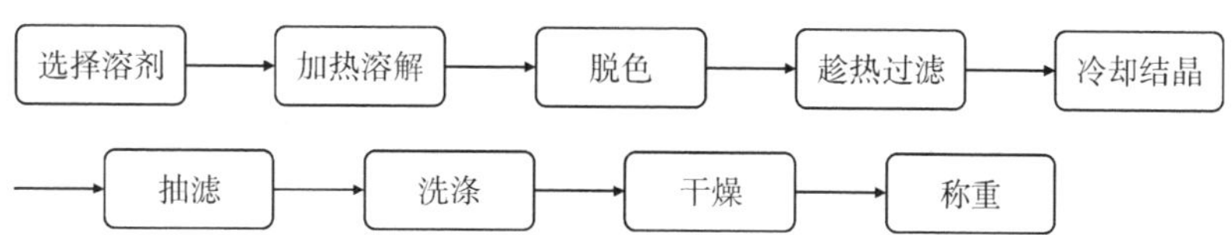

操作：

在 100 mL 圆底烧瓶或锥形瓶中放入 3 g 粗苯甲酸，加入 60 mL 水和 1～2 粒沸石加热至沸，并不时振荡瓶中物料以加速溶解。若所加的水不能使粗产物溶解，则再加入少量水(注意先移去火源)，重复数次，待粗苯甲酸完全溶解，移开火源，稍冷却后加入少许活性炭。

重新加热煮沸数分钟，趁热用无颈漏斗和折叠滤纸[1]过滤（图 3.3），用少量热的水润湿折叠滤纸后，将上述粗苯甲酸的热溶液倒入折叠滤纸，然后用少量热水洗涤容器和滤纸。将装滤液的锥形瓶冷却至室温，用布氏漏斗抽滤（图 3.4）析出的晶体，晶体用少量水洗涤，抽干后移至表面皿上干燥，称重，计算回收率。

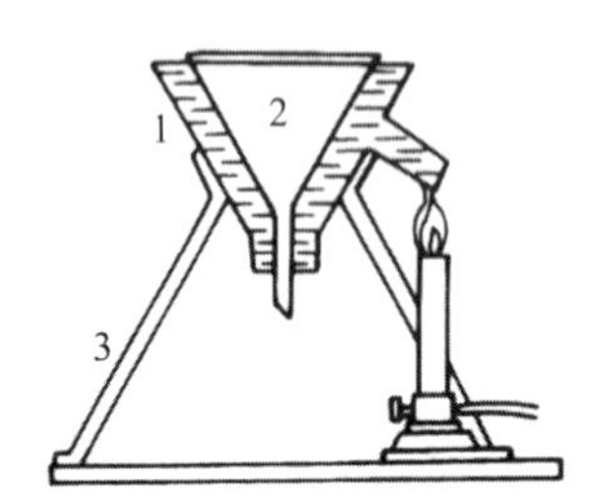

1—铜漏斗套；2—短颈漏斗；3—三脚架

图 3.3 热过滤

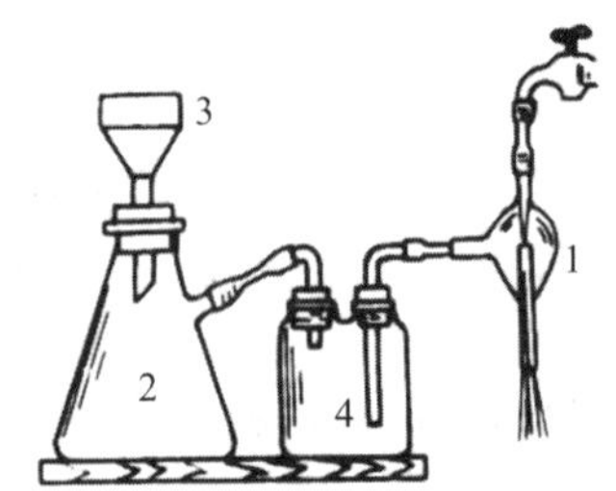

1—水泵；2—抽漏瓶；3—布氏漏斗；4—安全瓶

图 3.4 减压过滤

注释：

[1]菊花状滤纸折法参考 2.5.1 节。

3.2.5 注意事项

(1)在热过滤时，每次倒入的溶液不要太满，也不要等溶液全部滤完后再加。整个操作过程要迅速，否则漏斗一凉，结晶将在滤纸上和漏斗颈部析出，操作将无法进行。

(2)洗涤用的溶剂量应尽量少，以避免晶体大量溶解损失。

(3)用活性炭脱色时，不要把活性炭加入正在沸腾的溶液中。

(4)滤纸不应大于布氏漏斗的底面。

(5)停止抽滤时先将抽滤瓶与抽滤泵间连接的橡皮管拆开，或者将安全瓶上的活塞打开与大气相通，再关闭泵，防止水倒流入抽滤瓶内。

(6)苯甲酸 100 ℃以上易升华，故烘箱温度不宜过高。也可用沸水浴的方法烘干。

3.2.6 思考题

(1)简述重结晶的过程及各步骤的目的。

(2)加活性炭脱色应注意哪些问题？

(3)如何选择重结晶溶剂？用有机溶剂重结晶时，哪些步骤可能引起火灾？如何防止？

(4)将溶液进行热过滤时，为什么要尽可能减少溶剂挥发？如何减少？

3.3 薄层色谱分离菠菜色素

3.3.1 目的要求

(1)学习薄层色谱定性分析的原理。

(2)学习并掌握薄层色谱的操作技术。

3.3.2 实验原理

色谱法是利用混合物中各个成分在某一物质中的吸附和溶解性能(即分配)的不同,或亲和性能的差异,使混合物中各组分随着流动的液体或气体(即流动相)通过另一种固定不动的固体或液体(即固定相),进行反复的吸附或分配作用,从而使各组分分离的一种物理方法。

薄层色谱属于固-液吸附层析的类型,通常是把吸附剂放在玻璃板上成为一个薄层,作为固定相,以有机溶剂作为流动相。实验时,把要分离的混合物溶液滴在薄层板的一端,用适当的溶剂展开。当溶剂流经吸附剂时,各物质由于被吸附的强弱不同,就以不同的速率随着溶剂移动。展开一定时间后,让溶剂停止流动,混合物中各组分就停留在薄层板上显示出一个个色斑的色谱图。若各组分无色,可喷洒一定的显色剂使之显色。薄层色谱是一种微量、快速、简便的分离分析方法,兼有柱色谱和纸色谱的优点,可适用于很小量(几微克)或较大量(可达 50 mg)的样品分离,尤其适用于挥发性较小或在较低温度下容易发生变化而又不能用气相色谱分离的化合物,是分离、提纯和鉴定化合物的重要方法之一。

混合物中各物质在薄板上随溶剂移动的相对距离称为比移值(R_f)。

$$R_f=\frac{\text{溶质最高浓度中心至原点中心的距离}}{\text{溶剂前沿至原点中心的距离}}$$

如图 3.5 中:

$$R_f(\text{化合物 1})=\frac{3.0\ \text{cm}}{12\ \text{cm}}=0.25 \qquad R_f(\text{化合物 2})=\frac{8.4\ \text{cm}}{12\ \text{cm}}=0.70$$

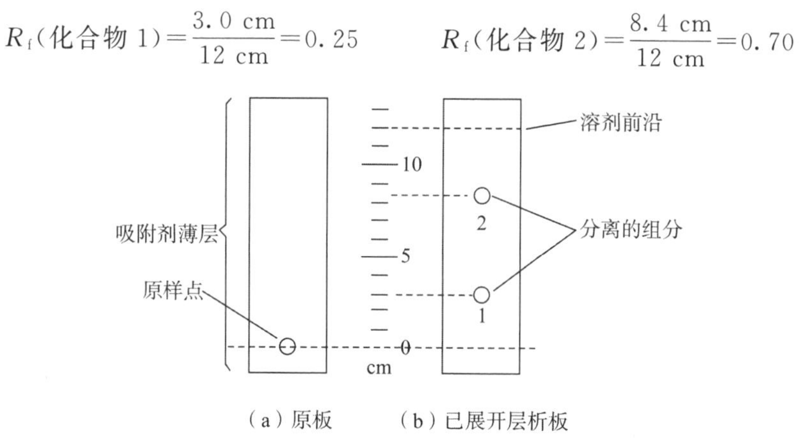

图 3.5　薄层色谱效果图

在一定条件下,各物质具有一定的 R_f 值;不同物质在相同条件下,具有不同的 R_f 值。因此,可利用 R_f 值对物质进行定性鉴定。但物质的 R_f 值常因吸附剂的种类和活性、薄层的厚度、展开剂及温度等的不同而异。所以在鉴定样品时,常用已知成分做对照试验,在同一个薄层板上进行层析,然后通过 R_f 值的比较,对物质做定性鉴定。根据斑点的面积大小和颜色的深浅,在标准物的对照下还可进行定量分析。

化合物的吸附性与其极性成正比,化合物分子中含有极性较大的基团时其吸附性也较强。展开剂(溶剂)的极性越大,则对化合物的洗脱力越大,则 R_f 越大(如果样品在溶剂中有一定的溶解度)。

菠菜叶色素主要包括叶绿素 a、叶绿素 b、叶黄素及胡萝卜素(α、β、γ)等,化学结构见图 3.6。

β-胡萝卜素、叶黄素、叶绿素 a 和叶绿素 b 四种色素在叶绿体中的含量比约为 2∶1∶3∶1，本实验根据它们在有机溶剂中的溶解特性及对同一吸附剂的吸附能力不同对其进行分离。

叶绿素 a($C_{55}H_{72}O_5N_4Mg$)以及叶绿素 b($C_{55}H_{70}O_6N_4Mg$)结构相似，其差别仅是叶绿素 a 中一个甲基被醛基取代即为叶绿素 b。它们都是吡咯衍生物与金属镁的络合物，是植物进行光合作用所必需的催化剂。尽管叶绿素分子中含有一些极性基团，但大的烃基结构使它易溶于醚、石油醚等一些非极性的溶剂。

胡萝卜素($C_{40}H_{56}$)是具有长链结构的共轭多烯。它有三种异构体，即 α-、β-和 γ-胡萝卜素，其中 β 异构体含量最多，也最重要。在生物体内，β 异构体受酶催化氧化即形成维生素 A。目前 β-胡萝卜素已可进行工业生产，可作为维生素 A 使用，也可作为食品工业中的色素。叶黄素($C_{40}H_{56}O_2$)是胡萝卜素的羟基衍生物，与胡萝卜素相比，叶黄素较易溶于醇而在石油醚中溶解度较小。

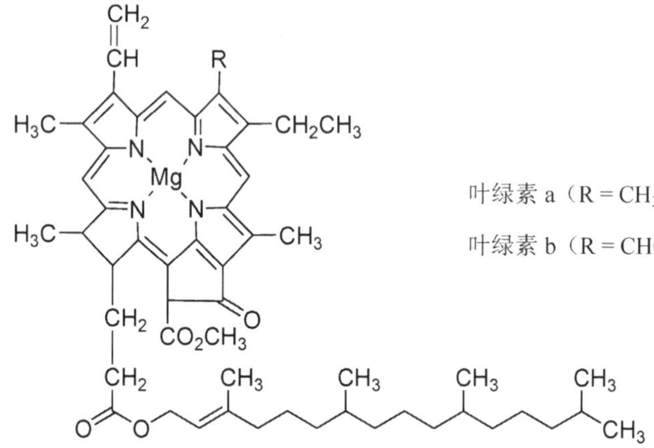

叶绿素 a (R = CH_3)

叶绿素 b (R = CHO)

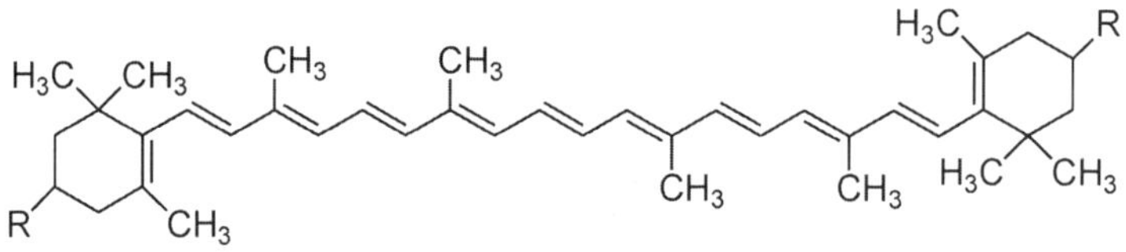

β-胡萝卜素 (R = H)　　叶黄素 (R = OH)

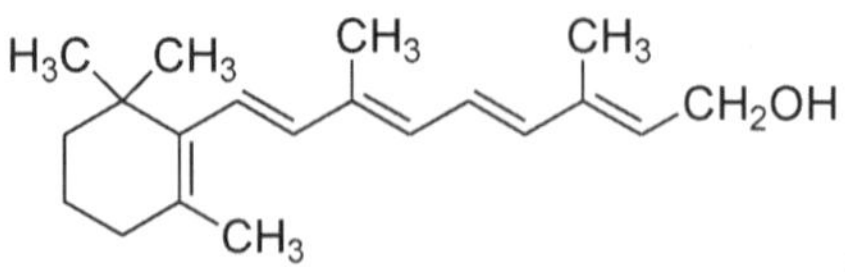

维生素 A

图 3.6　几种色素的化学结构

3.3.3　实验用品

1. 仪器

展开缸(烧杯)，梨形分液漏斗，研钵，玻璃板(3 cm×10 cm)，锥形瓶，量筒，点样用毛细管(内径 1 mm)，台秤。

2. 药品

硅胶 G,石油醚(60～90 ℃),苯,过氧乙酸,乙醇,饱和食盐水,无水硫酸钠。

3. 其他

称量纸 1 包,保鲜膜 1 卷。

3.3.4 操作步骤

1. 薄层板的制备

将两块玻璃板洗净,用蒸馏水洗后烘干,再用酒精棉球擦去手印,使表面光洁无斑痕。称取 5 g 硅胶 G[硅胶＋13％煅石膏($CaSO_4 \cdot \frac{1}{2}H_2O$)]于研钵中,加约 12 mL 蒸馏水,立即充分研调成均匀糊状,倒在备好的玻璃板上,迅速用研钵棒涂布整块板面,然后拿住玻璃板的一端在桌边轻轻摇振,以使硅胶 G 均匀地涂在玻璃板上,并要求表面光滑。涂好的玻璃板放置于水平桌面上晾干表面的水分(约需 30 min),再放入烘箱中于 105～110 ℃活化 30 min,取出后冷却备用。

2. 叶色素的提取

在研钵中放入 5 g 菠菜叶,加入 10 mL 2∶1 的石油醚和乙醇混合液,适当研磨(不要研成糊状,否则会给分离造成困难),将提取液用滴管转移至小分液漏斗中,加入 10 mL 饱和食盐水除去水溶性物质,分去水层,用蒸馏水洗涤两次;将有机层转入干燥的小锥形瓶中,加 2 g 无水硫酸钠干燥,干燥后的液体转移至另一锥形瓶中待用。

3. 点样

用一根内径 1 mm 的毛细管吸取适量提取液,轻轻地点在距薄板一端 1.5 cm 处,平行点两点,两点相距 1 cm 左右。若一次点样不够,可待样品溶剂挥发后,再在原处点第二次,但点样斑点直径不得超过 2 mm。

4. 展开

在干燥的展开缸中加入约 10 mL 展开剂(苯∶过氧乙酸∶石油醚为 2∶1∶2),盖好缸盖并摇动,使其为溶剂蒸气所饱和。将点好样品的薄板点样一端向下倾斜置于展开缸中(勿使样品斑点浸入展开剂中),盖好缸盖,如图 3.7 所示。当溶剂润湿的前沿上升至距板的上端约 1 cm 时,取出薄板,在前沿处画一直线,晾干。

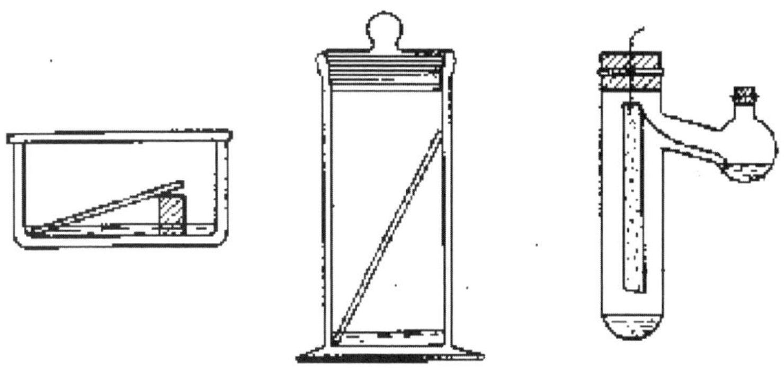

图 3.7 薄层板在不同的层析缸中展开的方式

5. 计算各叶色素的 R_f 值并确定各色素点对应的色素

分别测量溶剂、溶质上升的距离，按公式计算 R_f 值。根据颜色与 R_f 值大小顺序确定各色素点对应的色素。

3.3.5 思考题

(1)若实验时不慎将斑点浸入展开剂中，会产生什么后果？

(2)样品斑点过大对分离效果有什么影响？

3.4 正溴丁烷的制备

3.4.1 实验目的

(1)掌握由醇制备卤代烷烃的原理和方法。

(2)掌握回流及气体吸收装置的安装、操作与应用。

(3)巩固分液漏斗的使用方法以及液体产品干燥、蒸馏的基本操作。

3.4.2 实验原理

实验室中，卤代烷烃一般通过相应的醇与氢卤酸之间的亲核取代反应制备，该反应是可逆反应。根据不同的醇，卤代试剂可以选择氢卤酸、Lucas 试剂、三氯化磷或氯化亚砜等；芳卤一般通过芳烃在催化剂作用下直接卤化制备。正溴丁烷可以由正丁醇与溴化氢反应得到：

主反应：

$$\text{n-}C_4H_9OH \underset{H_2SO_4}{\overset{NaBr}{\rightleftharpoons}} \text{n-}C_4H_9Br + H_2O$$

副反应：

$$\text{n-}C_4H_9OH \xrightarrow{\text{浓 } H_2SO_4} C_4H_8 + H_2O$$

$$2\text{n-}C_4H_9OH \xrightarrow{\text{浓 } H_2SO_4} C_4H_9OC_4H_9 + H_2O$$

本实验主反应为可逆反应，提高产率的措施是让溴化氢过量，并用 NaBr 和 H_2SO_4 代替溴化氢，边生成溴化氢边参与反应，这样可提高溴化氢的利用率；浓硫酸还起到催化脱水作用。反应中，为防止反应物醇被蒸出，采用回流装置。由于溴化氢有毒，为防止溴化氢逸出，污染环境，需安装气体吸收装置。回流后再进行粗蒸馏，一方面使生成的产品正溴丁烷分离出来，便于后面的洗涤操作；另一方面，粗蒸过程可进一步使醇与溴化氢的反应趋于完全。

3.4.3 仪器和药品

1. 仪器

圆底烧瓶，直形冷凝管，球形冷凝管，蒸馏头，温度计，接引管，锥形瓶等。

2. 试剂

正丁醇，无水溴化钠，浓硫酸，10％碳酸氢钠溶液，饱和亚硫酸氢钠溶液，无水氯化钙。

实验装置参见图 3.8。

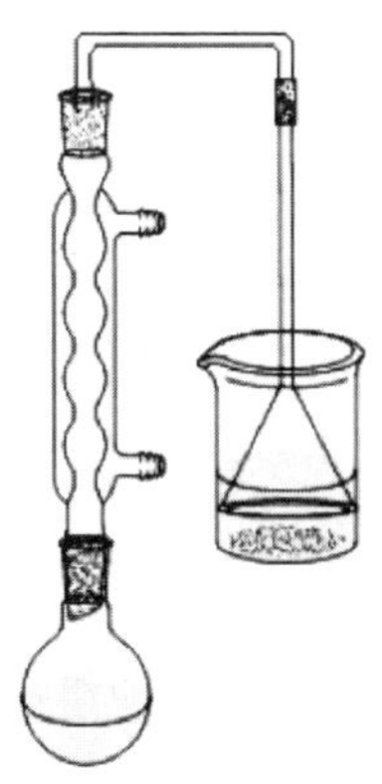

图 3.8　回流(含气体吸收)装置

3.4.4　实验步骤

在 50 mL 圆底烧瓶中加入 10 mL 水，慢慢加入 14 mL 浓硫酸，混匀冷至室温。加入正丁醇 9.2 mL，混合后加入 13 g 研细的溴化钠，充分振荡后加入几粒沸石[1]。在圆底烧瓶上安装回流冷凝管，冷凝管上端接一溴化氢吸收装置[2]，用水作吸收剂。

调节加热速度，使反应物保持沸腾而又平稳回流[3]并间歇摇动。由于无机盐水溶液密度较大，不久会产生分层，上层液体为正溴丁烷。回流约需 45 min。

反应完成后，待反应液冷却，卸下回流冷凝管，改为蒸馏装置，蒸出粗产品正溴丁烷[4]，仔细观察馏出液，直到无油滴蒸出为止。

将馏出液转入分液漏斗中，用等体积的水洗涤，将油层从下面放入一个干燥的小锥形瓶中，加入 5 mL 浓硫酸，充分摇匀洗涤[5]，如果混合物发热，可用冷水浴冷却。将混合物转入分液漏斗中，静置分层，分去下层的浓硫酸。有机层再依次用 10 mL 水、5 mL 饱和碳酸氢钠溶液和 10 mL 水洗涤。

将洗涤后得到的有机相移入干燥小三角烧瓶中，加入无水氯化钙干燥，间歇摇动，至液体透明(约半小时)。将干燥好的产物过滤到蒸馏瓶中进行蒸馏[6]，收集 99～102 ℃馏分。称重，计算收率并测定折光率。

纯正溴丁烷为无色透明液体，沸点 101.6 ℃，密度 1.2758 g/mL，n_D^{20}=1.4399。

注释：

[1]加料时，先加水再加入浓硫酸，待酸液冷却后再加入正丁醇、溴化钠。不要让溴化钠黏附在液面以上的烧瓶壁上，加完物料后要充分摇匀，防止硫酸局部过浓，加热时发生氧化副反应，使产品颜色加深。

[2]使倒立的三角漏斗口恰好接触水面，切勿浸入水中，以免压力变化倒吸。

[3]加热时，一开始不要加热过猛，否则反应生成的溴化氢来不及反应就会逸出，同时反应混合物受热氧化颜色会很快变深。操作情况良好时，油层仅呈浅黄色，冷凝管顶端应无明显的溴化氢逸出。

[4]粗蒸正溴丁烷时，反应瓶内的油层会逐渐被蒸出，应蒸至油层消失后，馏出液无油状

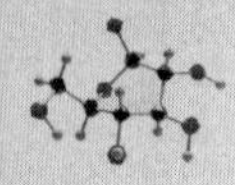

物蒸出为止。

[5]粗产品中含有未反应的醇和副反应生成的醚，用浓硫酸洗涤可将它们除去。如果粗蒸时蒸出的溴化氢用水洗涤时未分离除尽，加入浓硫酸后就被氧化生成 Br_2，而使油层和酸层都变为橙黄色或橙红色。可在随后水洗时，可加入少量饱和亚硫酸钠溶液，充分振摇而除去。

[6]最后蒸馏用的仪器要事先干燥好。切不可将干燥剂一起倒入进行蒸馏。如果洗涤和干燥不完全，蒸馏时会有前馏分出现，前馏分不能作为产品收集。本实验最后蒸馏收集 99～102 ℃馏分。

3.4.5 思考题

(1)本反应会有哪些副反应发生？反应后的粗产物中含有哪些杂质？

(2)蒸馏粗产品时，如何判断蒸馏的终点？

(3)产品提纯时，分别采用水、浓硫酸、水、饱和碳酸氢钠溶液、水五次洗涤，各步洗涤的目的何在？

(4)洗涤分液时，如何判断产物在上层还是在下层？

3.5 乙酸乙酯的制备

3.5.1 目的要求

(1)了解酯化反应的原理，学习乙酸乙酯的制备方法。

(2)进一步掌握蒸馏的基本操作及液体化合物折射率的测定方法。

(3)学习并掌握分液漏斗的使用、液体化合物的洗涤及干燥等基本操作。

3.5.2 实验原理

在少量浓 H_2SO_4 催化下，CH_3COOH 和 C_2H_5OH 反应生成 $CH_3COOC_2H_5$。

$$CH_3COOH + CH_3CH_2OH \xrightleftharpoons[110\sim125\ ^\circ C]{浓\ H_2SO_4} CH_3COOC_2H_5 + H_2O$$

酯化反应是可逆反应。为了提高酯的收率，根据化学平衡原理，可增加某一反应物的用量或减少生成物的浓度，以使平衡向生成 $CH_3COOC_2H_5$ 的方向移动。本实验采用加过量 CH_3CH_2OH[1] 以及不断蒸出反应中产生的 $CH_3COOC_2H_5$ 和 H_2O 的方法，使平衡向右移动。

蒸出产物酯和 H_2O，大都利用形成低沸点的共沸混合物来完成。$CH_3COOC_2H_5$ 与 H_2O 或 C_2H_5OH 分别形成二元共沸物，也可与之形成三元共沸物，其共沸点比 C_2H_5OH (78.4 ℃)和 CH_3COOH(118.0 ℃)的沸点低[1]，因此很容易蒸出。另外，浓 H_2SO_4 除起催化作用外，还能吸收反应生成的 H_2O，亦有利于酯化反应的进行。

反应温度较高时，伴有副产物乙醚的生成：

$$2CH_3CH_2OH \xrightarrow[140\sim150\ ^\circ C]{浓\ H_2SO_4} CH_3CH_2OCH_2CH_3 + H_2O$$

得到的粗品中含有 C_2H_5OH、CH_3COOH、$(C_2H_5)_2O$、H_2O 等杂质，需进行精制除去。

3.5.3 实验用品

1. 仪器

三口圆底烧瓶，磨口温度计，锥形瓶，烧杯，电热套，铁架台，铁夹，十字顶针，升降台，量筒，分液漏斗，滴液漏斗，温度计(150 ℃)，阿贝折光仪。

2. 药品

冰 HAc，C_2H_5OH，浓 H_2SO_4，Na_2CO_3饱和溶液，饱和食盐水，$CaCl_2$饱和溶液，丙酮，无水 Na_2SO_4。

3. 其他

蓝色石蕊试纸 1 盒，沸石 40 g。

3.5.4 操作步骤

在干燥的 250 mL 蒸馏瓶中加入 15 mL C_2H_5OH，将蒸馏瓶置于冷水浴中，一边振摇一边分批加入 15 mL 浓 H_2SO_4，使混合均匀。加入几粒沸石，塞上装有滴液漏斗和温度计的塞子，滴液漏斗末端和温度计水银球必须浸入液面以下，距瓶底 0.5～1.0 cm。连接冷凝管、接液管和锥形瓶。装置见图 3.9。

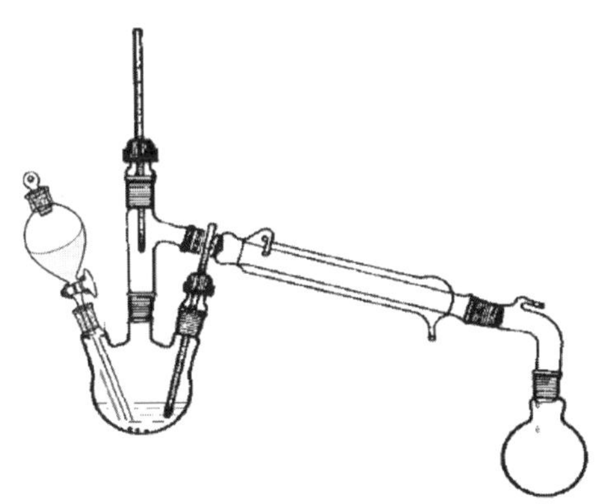

图 3.9　乙酸乙酯合成装置

在滴液漏斗中加入 15 mL C_2H_5OH 和 15 mL 冰 HAc，振摇使其混合均匀，由滴液漏斗中滴入蒸馏瓶内约 3～4 mL，然后将蒸馏瓶隔石棉网小火加热，使瓶中反应温度控制在 110～125 ℃[2]，此时在蒸馏管口应有液体蒸出。再从滴液漏斗中慢慢滴入其余混合液，调节滴加速度为每秒 1 滴[3]，与蒸出的速度相同，并维持反应温度在 110～125 ℃。滴加完毕，继续加热数分钟，直至反应液的温度升到 130 ℃时不再有液体馏出为止。

将馏出液转移至分液漏斗中，小心加入 10 mL 饱和 Na_2CO_3溶液[4]，塞紧上塞，振荡，并及时旋开活塞放出反应产生的 CO_2气体。静置分层，用蓝色石蕊试纸检查 H_2O 层是否呈酸性，若仍呈酸性，则需补加饱和 Na_2CO_3溶液，重复上述操作。静置分层后从漏斗下口放掉水层。

酯层用 10 mL 饱和食盐水[5]洗去残留的 Na_2CO_3溶液，分离水层(下层)后，再用 10 mL 饱和 $CaCl_2$溶液[6]洗涤，弃去水层(下层)。酯层从分液漏斗上口倒入干燥的 50 mL 锥形瓶中，用 2～3 g 无水 Na_2SO_4 干燥 0.5 h[7]。

将干燥好的 $CH_3COOC_2H_5$ 慢慢倾入干燥的 50 mL 蒸馏瓶中(但要注意不要倾入 Na_2SO_4 固体),加入 1～2 粒沸石,在电热套中蒸馏[8],用事先称量过的干燥锥形瓶收集73～78 ℃时的馏分,称量,计算产率。

蒸馏后得到的 $CH_3COOC_2H_5$ 纯品在阿贝折射仪上测定折射率,记录有关数据并与文献数据比较。

注释:

[1]为提高产率,醇或酸哪一种过量取决于它们的价格和操作是否方便。

[2]反应温度不得超过 125 ℃,否则会增加副产物 $(C_2H_5)_2O$ 的量。

[3]滴加速度不宜太快,否则反应温度迅速下降,同时会使 C_2H_5OH 和 HAc 来不及反应而随酯和 H_2O 一起被蒸出,从而影响酯的收率。

[4]用饱和 Na_2CO_3 溶液除去 $CH_3COOC_2H_5$ 粗品中的酸。

[5]当酯层用 Na_2CO_3 溶液洗涤后,若立即加入 $CaCl_2$ 溶液,则生成絮状 $CaCO_3$ 沉淀,影响分层,故在两步之间必须用饱和食盐水洗去酯层中的 Na_2CO_3 溶液。此外,由于 $CH_3COOC_2H_5$ 在饱和食盐水中的溶解度比在 H_2O 中的溶解度小,因此一般不直接用 H_2O 而用饱和食盐水洗去酯层中的 Na_2CO_3 溶液。

[6]用饱和 $CaCl_2$ 溶液洗涤酯层是为了除去粗品中的 C_2H_5OH。

[7] $CH_3COOC_2H_5$ 与 H_2O 或 C_2H_5OH 分别生成二元或三元共沸混合物,因此,酯层中的 C_2H_5OH 和 H_2O 若不除干净,会形成低沸点的共沸混合物,从而影响到酯的收率。

[8]蒸馏的目的在于除去粗品中的 $(C_2H_5)_2O$ 等低沸点化合物或高沸点杂质。

3.5.5 思考题

(1)酯化反应有什么特点? 本实验如何使酯化反应向生成酯的方向进行?

(2)在酯化反应中加入浓 H_2SO_4 有哪些作用? 在反应过程中 H_2SO_4 是否有消耗?

(3)本实验中用饱和 $CaCl_2$ 溶液洗涤可以除去酯层中的少量 C_2H_5OH,用 H_2O 代替饱和 $CaCl_2$ 溶液洗涤可以吗? 为什么?

(4)本实验有哪些副反应? 粗品中含有哪些主要杂质? 如何除去各种杂质?

(5)如果所测 $CH_3COOC_2H_5$ 产品的折射率比文献值偏低,你预计产品中可能含有哪些少量杂质?

3.6 乙酰苯胺的制备与熔点测定

3.6.1 目的要求

(1)掌握苯胺乙酰化的制备原理和实验操作。

(2)巩固所学的分馏和重结晶的操作技术。

3.6.2 实验原理

$C_6H_5NH_2$ 与酰基化试剂如冰 HAc、$(CH_3CO)_2O$,CH_3COCl 等作用可制得乙酰苯胺。其中,$C_6H_5NH_2$ 与 CH_3COCl 反应最快,$(CH_3CO)_2O$ 次之,冰 HAc 最慢。但用冰 HAc 作

乙酰化试剂价格便宜，操作方便。本实验用冰 HAc 作乙酰化试剂。反应式如下：

$$C_6H_5-NH_2 + CH_3COOH \rightleftharpoons C_6H_5-NH-C(=O)-CH_3 + H_2O$$

熔点是物质固液两相在大气压力下平衡共存时的温度，在此温度下固体的分子（或离子、原子）获得足够的动能以克服分子（或离于、原子）间的结合力而液化。物质从开始熔化至完全熔化的温度范围称为熔点范围（又称熔点距离或熔程）。纯粹的固体化合物一般都有固定的熔点，而且熔程很小，为 0.5～1.0 ℃。

有杂质存在时化合物的熔点往往较纯化合物低，熔程也会增大。所以，可以通过测定熔点来鉴定有机物，并通过熔程来检验其纯度。

3.6.3 实验用品

1. 仪器

圆底烧瓶，磨口温度计，韦氏分馏柱，锥形瓶，烧杯，电热套，铁架台，铁夹，十字顶针，升降台，循环水泵，抽滤瓶，布氏漏斗，热水保温漏斗，短颈玻璃漏斗，玻璃棒，表面皿，量筒，b 形熔点测定管，温度计（150 ℃/0.1 ℃），酒精灯，毛细熔点管，玻璃管（30～40 cm），台秤，烘箱。

2. 药品

$C_6H_5NH_2$，冰 HAc，Zn 粉，活性炭，液体石蜡，乙醇（酒精灯用），蒸馏水。

3. 其他

滤纸，直径 7 cm、9 cm、11.5 cm 各 1 盒；烫伤膏 1 盒；称量纸 1 盒。

3.6.4 操作步骤

1. 乙酰苯胺的合成

在 50 mL 圆底烧瓶中加入 10 mL 新蒸馏的 $C_6H_5NH_2$[1]、15 mL 冰 HAc 及少许 Zn 粉[2]（约 0.1 g）。装上短的韦氏分馏柱[3]，柱顶插 150 ℃温度计，柱的支管接接液管，用小烧杯或锥形瓶收集蒸馏出的 H_2O 和 HAc。装置如图 3.10 所示。用小火隔石棉网加热圆底烧瓶至沸，控制火焰，维持柱顶温度在 105 ℃左右[4]约 1 h。当温度下降或瓶内出现白雾时表示反应基本完成[5]，停止加热。

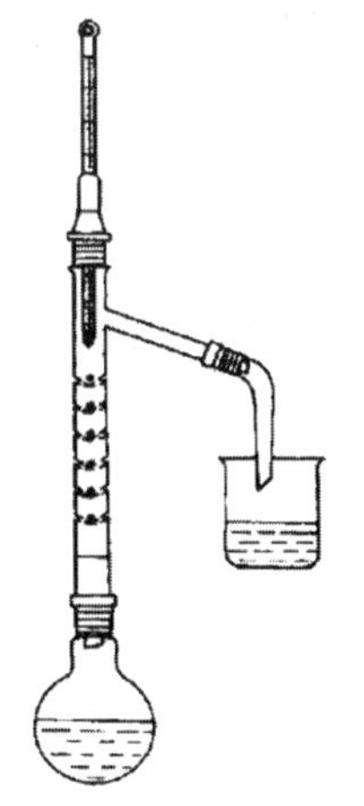

图 3.10　乙酰苯胺合成装置

在搅拌下，将反应物趁热[6]慢慢倒入盛有 100 mL 冷水的烧杯中，冷却，待粗乙酰苯胺完全析出时，用布氏漏斗减压抽滤，再用 5～10 mL 冷水洗涤，以除去残留的酸液，抽干。将此粗乙酰苯胺转入盛有 100 mL 热水[7]的烧杯中，加热至沸，使之溶解，如仍有未溶解的油珠[8]，可补加热水，直到油珠全部溶解为止。如溶液有颜色，移去火源，稍冷后加入约 1 g 活性炭，在搅拌下加热煮沸几分钟，趁热用热水漏斗过滤。

将滤液冷至室温，抽滤。产品放在干净的表面皿中晾干

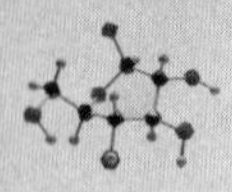

或在 100 ℃以下的烘箱中烘干，称量，计算产率。

2. 熔点测定

（1）装样。取少量干燥研细的样品，将内径 1 mm、长 80 mm 的薄壁毛细熔点管开口一端垂直插入样品堆中，然后将毛细管开口向上轻轻在桌面上敲击，使样品落入管底；另取一根长约 40 cm 的干净玻璃管，垂直于表面皿上，将装有样品的毛细管由上端自由落下，重复几次，使样品装填紧密，至装填高度为 2～3 mm 为止。装入样品如有空隙则传热不均匀，影响测定结果。黏附于管外的样品应擦干净，以免污染加热液。

装 2～3 份样品。

（2）实验装置。测定熔点的装置是 Thiele 管（也叫 b 形管），在管中加入液体石蜡，其液面至上叉管处，温度计通过开口塞插入其中，水银球位于上下叉管中间。毛细熔点管通过液体石蜡黏附于温度计上，使样品位于水银球的中部，如图 3.11 所示。温度计插入液体石蜡时要小心，以免毛细管漂移（可用橡皮圈固定）。

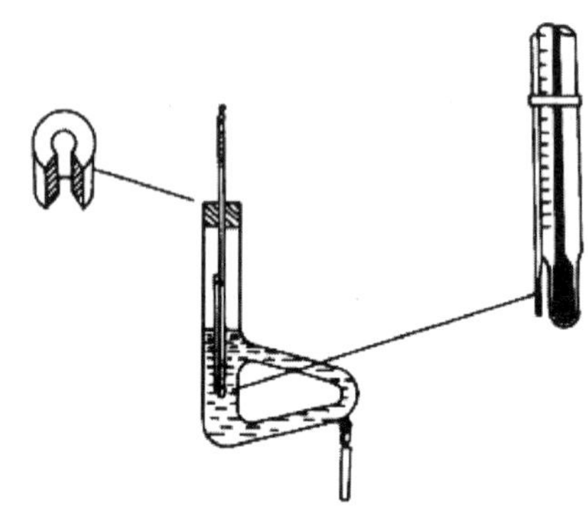

图 3.11 熔点测定装置

（3）加热。仪器和样品安装好后，用小火加热侧管。掌握升温速度是准确测定熔点的关键。开始升温 5～6 ℃/min，当低于熔点 10～15 ℃时，调整火焰，使升温速度为 1 ℃/min。越接近熔点，升温越缓慢，以 0.2～0.3 ℃/min 速度升温。

（4）记录。密切观察样品的变化，当样品开始塌陷、部分透明，出现下滴液体时，表明样品已开始熔化，即为初熔，记录此刻温度 T_1。当样品完全消失、全部透明时，即为全熔，记录温度 T_2。T_1～T_2即为熔程。

注意观察在加热过程中是否有萎缩、变色、发泡、升华、碳化等现象，并如实做记录。

待热浴温度降至熔点 30 ℃以下，换一支装好样品的毛细熔点管再次测定。重复测试 2～3 次，如前后测得的熔点相差不超过 1 ℃，可取 3 次测量的平均值；相差超过1 ℃时，可再测定 2 次，取 5 次测定的平均值为熔程。

（5）实验结束处理。测定完毕，等液体石蜡冷至室温，倒回原来的试剂瓶。温度计冷却后擦去石蜡，清洗干净。

纯乙酰苯胺为白色有光泽的小叶片状晶体，熔点为 114.3 ℃。

注释：

[1]$C_6H_5NH_2$久置后颜色加深且有杂质，会影响乙酰苯胺的质量和产率，故最好用新蒸馏的 $C_6H_5NH_2$。

[2]Zn 粉的作用是防止 $C_6H_5NH_2$ 在反应过程中被氧化，但不宜多加，否则在后处理中会产生不溶于水的 $Zn(OH)_2$，影响操作。

[3]若室温较低，可用玻璃布保温分馏柱，以防止分馏过慢。也可以用空气冷凝管代替分馏柱。冷凝管顶端装一双孔木塞，分别插入温度计及弯成两个直角的玻璃导管。

[4]温度过低水分除不掉，过高易将 HAc 蒸出，不能保证反应体系中的 HAc 量。

[5]此时收集的 H_2O 和 HAc 的总体积约为 4 mL。

[6]反应物冷却后，立即会有固体析出，沾在瓶壁上不易处理，故需趁热倒入冷水中，以除去过量的 HAc 及未作用的 $C_6H_5NH_2$（可成为苯胺醋酸盐而溶于水）。

[7]乙酰苯胺于不同温度在 100 mL H_2O 中的溶解度为：

温度/℃	100	80	50	25
溶解度/g	5.50	3.50	0.84	0.56

[8]乙酰苯胺与 H_2O 会生成低熔混合物，油珠即熔融态的低熔物，当 H_2O 量足够时，随温度升高，油珠会溶解并消失。

3.6.5 思考题

（1）在本实验中采用了哪些措施来提高乙酰苯胺的产率？

（2）反应时为什么要控制分馏柱上端的温度在 105 ℃左右？

（3）根据理论计算，反应完成时应产生几毫升 H_2O？为什么实际收集的液体要比理论量多？

3.7 甲基橙的制备

3.7.1 实验目的

（1）学习重氮盐制备技术，了解重氮化反应的控制条件。

（2）了解和掌握重氮盐偶联反应的条件，掌握甲基橙制备的原理及实验方法。

（3）进一步练习过滤、洗涤、重结晶等基本操作。

3.7.2 实验原理

甲基橙是酸碱指示剂，它是由对氨基苯磺酸重氮盐与 N，N-二甲基苯胺的醋酸盐在弱酸性介质中偶合得到的。偶合首先得到的是亮红色的酸式甲基橙，称为酸性黄；在碱中酸性黄转变为橙黄色的钠盐，即甲基橙。

$$H_2N-C_6H_4-SO_3H \longrightarrow H_3\overset{+}{N}-C_6H_4-SO_3^- \xrightarrow{NaOH} H_2N-C_6H_4-SO_3Na + H_2O$$

$$H_2N-C_6H_4-SO_3Na \xrightarrow[HCl]{NaNO_2} [HO_3S-C_6H_4-\overset{+}{N}\equiv N]Cl^- \xrightarrow[HAc]{C_6H_5N(CH_3)_2}$$

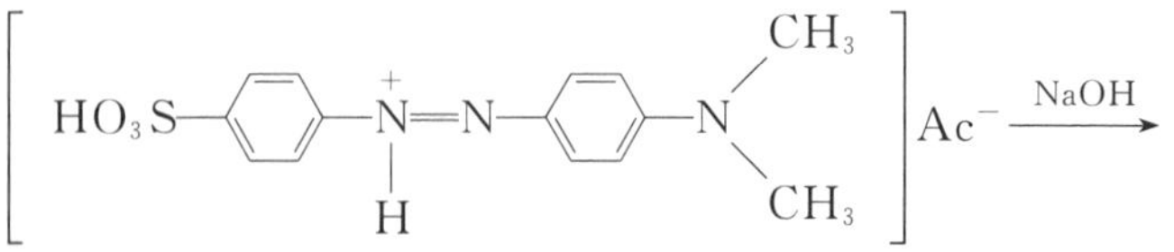

$$\left[HO_3S-C_6H_4-\overset{+}{\underset{H}{N}}=N-C_6H_4-N(CH_3)_2 \right] Ac^- \xrightarrow{NaOH}$$

红色(酸式甲基橙)

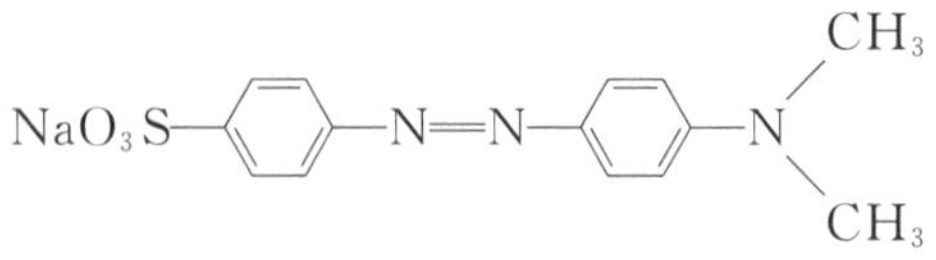

$$NaO_3S-C_6H_4-N=N-C_6H_4-N(CH_3)_2$$

甲基橙

3.7.3 药品与仪器

1. 仪器

圆底烧瓶,温度计,烧杯,电热套,量筒,循环水泵,抽滤瓶,布氏漏斗,热水保温漏斗,短颈玻璃漏斗,表面皿,台秤,烘箱。

2. 药品

对氨基苯磺酸,氢氧化钠溶液(1%、5%、10%),亚硝酸钠,浓盐酸,冰醋酸,N,N-二甲基苯胺,乙醇,氯化钠。

3. 其他

滤纸,直径 7 cm、9 cm 各 1 盒;烫伤膏 1 盒;称量纸 1 盒;碘化钾淀粉试纸 1 盒。

3.7.4 操作步骤

1. 重氮盐的制备

在 50 mL 烧杯中加入 2.1 g 对氨基苯磺酸晶体和 10 mL 5%氢氧化钠溶液,温热使结晶溶解,用冰盐浴冷却至 0 ℃以下。在一试管中配制 0.8 g 亚硝酸钠和 6 mL 水的溶液,将此配制液也加入烧杯中。维持温度 0～5 ℃,边搅拌边慢慢用滴管滴入 3 mL 浓盐酸和 10 mL 冰冷水,直至用碘化钾淀粉试纸检测呈现蓝色为止,继续在冰盐浴中放置 15 min,使反应完全,这时往往有白色细小晶体析出。

2. 偶合反应

在试管中加入 1.3 mL N,N-二甲基苯胺和 1 mL 冰醋酸,并混匀。边搅拌边将此混合液缓慢加到上述冷却的重氮盐溶液中,加完后继续搅拌 10 min,缓缓加入约 20 mL 10%氢氧化钠溶液,直至反应物变为橙色(此时反应液为碱性),甲基橙粗品呈细粒状沉淀析出。

将反应物置沸水浴中加热 5 min,冷却后,再放置冰浴中冷却,使甲基橙晶体析出完全。抽滤,依次用少量水、乙醇和乙醚洗涤,压紧抽干,干燥后得粗产品。

粗产品用 1%氢氧化钠进行重结晶,待结晶析出完全,抽滤,依次用少量水、乙醇和乙醚洗涤,压紧抽干,得片状结晶。

将少许甲基橙溶于水中,加几滴稀盐酸,再用稀碱中和,观察颜色变化。

3.7.5 实验注意事项

(1)实验用对氨基苯磺酸为二水合物,若用无水对氨基苯磺酸,则对应换算。

(2)对氨基苯磺酸是两性化合物,酸性比碱性强,以酸性内盐存在,所以它能与碱作用成盐而不能与酸作用成盐。

(3)重氮化过程中,应严格控制温度,反应温度若高于 5 ℃,生成的重氨盐易水解为酚,使产率降低。

(4)若试纸不显蓝色,尚需补充亚硝酸钠溶液。

(5)若反应物中含有未作用的 N,N-二甲基苯胺醋酸盐,在加入氢氧化钠后,就会有难溶于水的 N,N-二甲基苯胺析出,影响产物的纯度。湿的甲基橙在空气中受光的照射后,颜色很快变深,所以一般得紫红色粗产物。

(6)重结晶操作要迅速,否则由于产物呈碱性,在温度高时易变质,颜色变深。用乙醇和乙醚洗涤的目的是使其迅速干燥。

3.7.6 思考题

(1)在重氮盐制备前为什么还要加入氢氧化钠? 如果直接将对氨基苯磺酸与盐酸混合后,再加入亚硝酸钠溶液进行重氮化操作行吗? 为什么?

(2)制备重氮盐为什么要维持 0～5 ℃的低温? 温度高有何不良影响?

(3)重氮化为什么要在强酸条件下进行? 偶合反应为什么要在弱酸条件下进行?

3.8 安息香缩合反应的非氰绿色合成工艺

3.8.1 实验目的

(1)对安息香缩合反应的理论认识提升至实践操作层面。

(2)巩固并熟练掌握配制溶液、加热回流、冰浴冷却、抽滤、重结晶、测熔点等有机化学单元操作及技能。

(3)掌握利用红外光谱跟踪反应过程并根据图谱进行结构解析的方法。

(4)了解维生素 B_1 的催化原理。

3.8.2 实验原理

芳香醛在 NaCN(或 KCN)作用下,分子间发生缩合生成安息香(二苯羟乙酮)的反应称为安息香缩合。NaCN(或 KCN)为剧毒药品,使用不方便,因而改用维生素 B_1 代替氰化物催化安息香缩合反应。该法反应条件温和,无毒且产率高。

反应式如下:

$$2\ C_6H_5\text{—CHO} \xrightarrow{\text{维生素 } B_1} C_6H_5\text{—}\overset{OH}{\underset{}{CH}}\text{—}\overset{O}{\overset{\|}{C}}\text{—}C_6H_5$$

苯甲醛　　　　　　安息香

维生素 B_1 又称硫胺素或噻胺，是一种辅酶，作为生物化学反应的催化剂，在生命过程中起着重要作用。其结构如下：

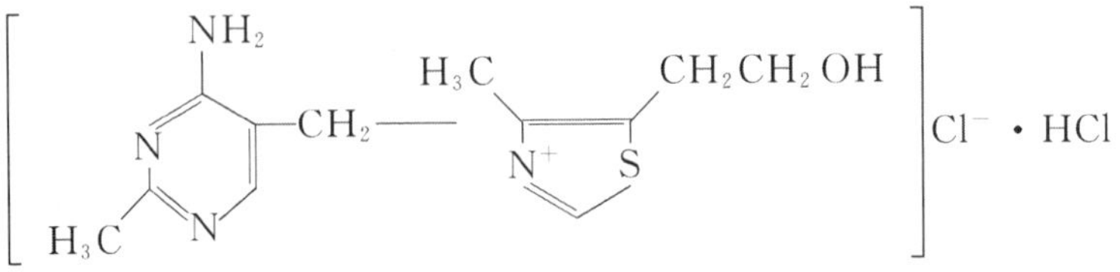

$$\left[\text{(4-氨基-2-甲基嘧啶-5-基)}-CH_2-\text{(3-位 }N^+\text{，4-}H_3C\text{，5-}CH_2CH_2OH\text{ 噻唑环)}\right]Cl^- \cdot HCl$$

绝大多数生化过程都是在特殊条件下进行的化学反应，酶的参与可以使反应更巧妙、更有效，并在更温和的条件下进行。维生素 B_1 在生化过程中可对偶姻（如 α-羟基酮）反应发挥辅酶作用。

从化学角度看，维生素 B_1 分子最主要的部分是噻唑环，其 C_2 上的质子由于受氮和硫原子的影响，有明显的酸性，在碱作用下，质子容易解离，产生碳负离子反应中心，形成苯偶姻。反应机理如下：

第一步：在碱作用下

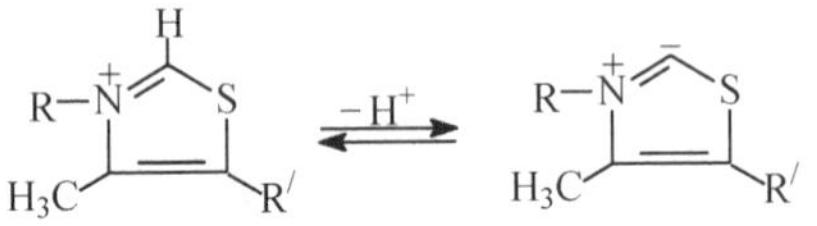

维生素B_1 $\underset{}{\overset{-H^+}{\rightleftharpoons}}$ 内鎓盐

第二步：亲核加成——烯醇加合物

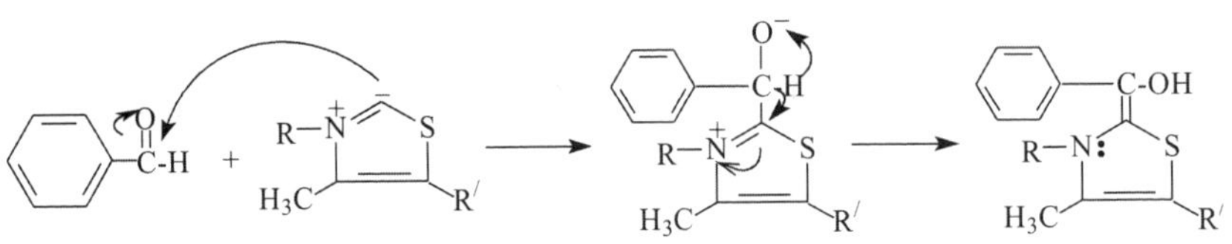

第三步：亲核加成——辅酶加合物

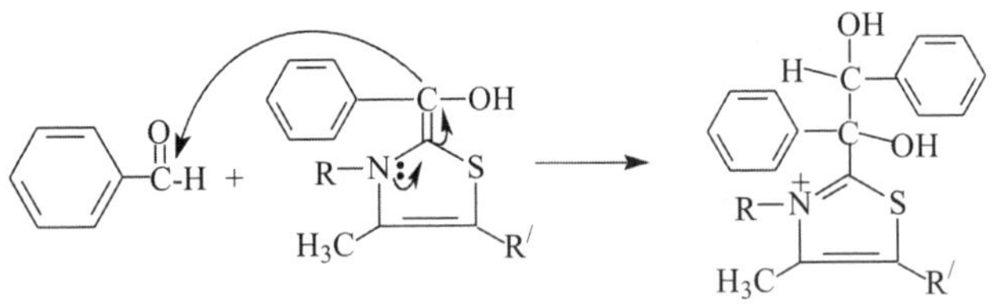

第四步：辅酶复原

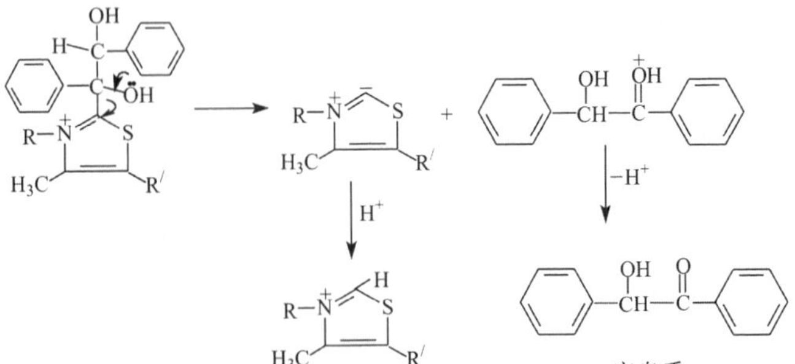

$\xrightarrow{H^+}$ 维生素B_1 $\qquad$ $\xrightarrow{-H^+}$ 安息香

3.8.3 实验仪器与试剂

1. 仪器

圆底烧瓶，锥形瓶，量筒，烧杯，球形冷凝管，热过滤漏斗，玻璃漏斗，酒精灯，红外光谱仪，提勒管。

2. 试剂

苯甲醛，维生素 B_1(盐酸硫胺)，95%乙醇，10%氢氧化钠溶液，冰块。

3.8.4 实验步骤

(1)配制反应液。在室温下，在 100 mL 圆底烧瓶中，加入 1.8 g 维生素 B_1、5 mL 水、15 mL 乙醇，将圆底烧瓶置于冰水浴中冷却，将 5 mL 氢氧化钠溶液慢慢滴加到混合溶液中，并不断摇荡，调节溶液 pH 为 9～10(溶液一定要摇匀，并且 3 min 内不褪色)，此时溶液呈黄色，去掉冰水浴，加入 10 mL 苯甲醛。

(2)加热回流。在烧瓶中加入 2～3 粒沸石，装上回流冷凝管，开始水浴加热回流 75 min，水浴温度保持在 60～75 ℃(切不可加热至沸腾)，反应混合物为橘黄(红)色均相溶液。

(3)冷却。将烧瓶置于空气中冷却片刻，然后将溶液倒入锥形瓶中，将锥形瓶放入冰水中进行冰水浴冷却，降温使结晶完全析出。

(4)抽滤。在布氏漏斗中放入圆形滤纸，安装好抽滤装置，开始抽气，润湿滤纸，开始抽滤，将结晶混合物倒入漏斗中，并用冷水洗涤两次。如果滤液中还有晶体，可以对滤液再次进行抽滤。将抽滤得到的固体进行称重，记录数据。

(5)重结晶。将称重的固体加入 95%乙醇溶解，然后放入圆底烧瓶中，加入沸石，进行加热回流。加热沸腾 5 min 左右，停止加热，趁热过滤，过滤完成后将得到的滤液放入冷水中冷却，再进行抽滤，也要用冷水洗涤两次。

(6)称量。再次称取抽滤得到的晶体质量，记录数据。

(7)测熔点。将少量研细的样品装入熔点毛细管，装入的样品高度为 2～3 mm，样品填充需均匀、密实。组装熔点测定装置，测定熔点。用酒精灯在提勒管支管下端加热，使浴液进行热循环，保证温度计受热均匀。开始加热时控制温升为 5 ℃/min，待温度上升到距熔点 15 ℃左右时，调节火焰控制温升为 1 ℃/min。当样品开始塌陷时表示开始融化，样品成透明溶液时表示完全融化。记录始熔和全熔时的温度，即为该样品的熔程。

(8)测量该晶体的红外光谱图，与安息香及苯甲醛标准谱图对比，分析谱图。

纯安息香为白色针状晶体，熔点 135～137 ℃，在沸腾的 95%乙醇中的溶解度 12～14 g。

3.8.5 注意事项

(1)维生素 B_1 在酸性条件下稳定，易吸收水，在水溶液中易被空气氧化，滴加氢氧化钠溶液时，溶液要冷却，防止维生素 B_1 开环失效。

(2)热过滤一定要迅速，防止冷却，热过滤时不要有明火，防止失火。

(3)熔点测定时必须要进行 3 次平行测定，且相差温度不应超过 1 ℃。

(4)若产物呈油状物析出,应重新加热使呈均相,再慢慢冷却重新结晶。必要时可用玻璃棒摩擦瓶壁或投入晶种。

3.8.6 思考题

(1)反应溶液 pH 值应保持在 9～10,过高或过低有什么影响?

(2)红外光谱可以显示反应中哪些官能团的改变?

(3)本实验对于实验器皿有什么要求?当玻璃仪器出现什么污染时对结果有较大影响?

(4)安息香的有氰合成工艺和非氰合成工艺相比较,机理有何不同?

3.9 阿司匹林的合成、鉴定与含量的测定

3.9.1 目的要求

(1)学习用乙酸酐作酰基化试剂酰化水杨酸制乙酰水杨酸的方法。

(2)巩固重结晶、熔点测定、抽滤等基本操作。

3.9.2 实验原理

乙酰水杨酸即阿司匹林(aspirin),是 19 世纪末合成成功的。它作为一个有效的解热止痛、治疗感冒的药物,至今仍广泛使用。有关报道表明,人们正发现它的某些新功能。水杨酸(邻羟基苯甲酸)可以止痛,常用于治疗风湿病和关节炎。它是一种具有双官能团的化合物——酚羟基和羧基。羟基和羧基都可以发生酯化,而且还可以形成分子内氢键,阻碍酰化和酯化反应的发生。

阿司匹林是由水杨酸(邻羟基苯甲酸)与醋酸酐进行酯化反应而得的。水杨酸可由水杨酸甲酯即冬青油(由冬青树提取而得)水解制得。本实验就是用邻羟基苯甲酸(水杨酸)与乙酸酐反应制备乙酰水杨酸。反应式为:

$$o\text{-}HOC_6H_4COOH + (CH_3CO)_2O \xrightarrow{\text{浓 } H_2SO_4} o\text{-}CH_3COOC_6H_4COOH + CH_3COOH$$

在反应过程中会形成聚合物(副反应),反应式为:

$$2\ o\text{-}HOC_6H_4COOH \xrightarrow{\triangle} o\text{-}HOC_6H_4C(=O)\text{—}O\text{—}C_6H_4COOH\text{-}o + H_2O$$

$$\text{(O=C(OH)–C}_6\text{H}_4\text{–OCOCH}_3\text{)} + \text{(O=C(OH)–C}_6\text{H}_4\text{–OH)} \xrightarrow{\triangle} \text{CH}_3\text{COO–C}_6\text{H}_4\text{–C(=O)–O–C}_6\text{H}_4\text{–COOH}$$

可通过重结晶纯化。

水杨酸含有酚基，能与稀氯化铁溶液反应，产生深紫色的溶液；纯净的阿司匹林不会产生紫色。所以通过对未反应的水杨酸的点滴试验，很容易检测产物的纯度。产品可通过熔点、红外光谱、核磁共振光谱和液相色谱等鉴定。

3.9.3 实验用品

1. 仪器

恒温水浴槽，搅拌器，冷凝管，三口瓶，天平，吸量管，烧杯，量筒，温度计，布氏漏斗，表面皿，烘箱等。

2. 药品

水杨酸，乙酸酐，饱和碳酸氢钠溶液，4 mol/L 盐酸，浓硫酸，95％乙醇，1％氯化铁溶液。

3.9.4 实验步骤

1. 制备阿司匹林

在 50 mL 干燥的圆底烧瓶中加入 2 g(0.015 mol)干燥的水杨酸和 5 mL(0.053 mol)乙酸酐[1]，然后加 5 滴浓硫酸，充分振摇使固体全部溶解。在水浴上加热回流，保持瓶内温度在 85～90 ℃，维持 20 min，同时振摇。慢慢滴入 3～5 mL 冰水，此时反应放热，甚至沸腾。反应平稳后，再加入 40 mL 水，用冰水浴冷却 15 min，并用玻棒不停搅拌，使晶体完全析出。抽滤，用少量冰水洗涤两次，得阿司匹林粗产物。

2. 除杂

将粗产品转至 250 mL 圆底烧瓶中，装好回流装置，向烧瓶内加入 100 mL 乙酸乙酯和 2 粒沸石，加热回流[2]，进行热溶解。然后趁热过滤，冷却至室温，抽滤，用少许乙酸乙酯洗涤，干燥，得无色晶体状乙酰水杨酸，称重，计算产率。

3. 鉴定

(1)产品纯度检验：取少量样品于 10 滴 95％乙醇中，加入 1％氯化铁溶液 1～2 滴，观察颜色变化。如果溶液呈紫色说明样品不纯，若无颜色说明样品纯度很高。

(2)测定熔点[3]，与文献值进行比较。

(3)测定产品的红外光谱，分析各峰归属。

注释：

[1]乙酸酐应当是新蒸的，收集 139～140 ℃馏分。

[2]重结晶时，其溶液不应加热过久，亦不宜用高沸点溶剂，因为这样会造成乙酰水杨酸

部分分解。

[3]乙酰水杨酸易受热分解，因此熔点不是很明显，其分解温度为 128～135 ℃，熔点为 136 ℃。在测熔点时，可先将热载体加热到 120 ℃左右，然后放入试样测定。

3.9.5 思考题

(1)为什么要使用新蒸馏的乙酸酐？

(2)本实验中可能产生什么副产物？

(3)怎样洗涤产品？

(4)乙酰水杨酸还可以使用哪些溶剂进行重结晶？重结晶时需要注意什么？

(5)熔点测定时需要注意什么问题？

(6)若在硫酸的存在下，水杨酸与乙醇作用将得到什么产物？

(7)乙酰水杨酸还有什么其他制备方法？

3.10 烟草中烟碱的提取

3.10.1 目的要求

(1)学习水蒸气蒸馏法分离提纯有机化合物的基本原理和操作技术。

(2)了解生物碱的提取原理、方法和一般性质。

3.10.2 实验原理

烟碱又名尼古丁，是烟叶中存在的主要生物碱，结构式如图 3.12。因为它是含氮碱性物质，能与盐酸结合生成烟碱盐酸盐(弱碱强酸盐)而溶于水中，在此提取液中加入强碱氢氧化钠后，可使烟碱游离出来。游离烟碱在100 ℃左右可产生一定蒸气压(约 1333 Pa)。因此，可利用水蒸气蒸馏法分离提取(原理见 2.4.4 节)。

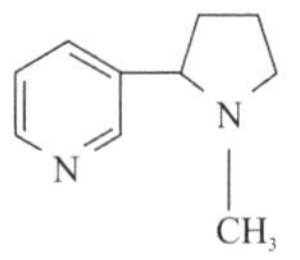

图 3.12 烟碱结构式

由烟碱的结构可知，烟碱具有碱性，它不仅可以使红色石蕊试纸变蓝，还可以使酚酞试剂变红，并且可被高锰酸钾溶液氧化生成烟酸，与生物碱试剂作用产生沉淀。

3.10.3 实验用品

1. 仪器

圆底烧瓶，球形冷凝管，安全导管，T 形管，蒸气导管，三口圆底烧瓶，磨口温度计，蒸馏头，直形冷凝管，锥形瓶，烧杯，量筒，电热套，铁架台、铁夹、十字顶针，升降台等。

2. 药品

烟叶(或烟丝)，10％盐酸，40％氢氧化钠溶液，1％高锰酸钾溶液，0.1％酚酞溶液，饱和苦味酸溶液，5％碳酸钠溶液。

3. 其他

红色石蕊试纸1盒，沸石。

3.10.4 操作步骤

(1)称取2 g烟叶置于100 mL圆底烧瓶内，加入25 mL 10%盐酸，安装好回流装置，沸腾回流20 min。

(2)将反应混合物冷却至室温，倒入烧杯中，在不断搅拌下慢慢滴加40%氢氧化钠溶液，使之呈明显碱性(用红色石蕊试纸或pH试纸检验)。

(3)将以上的混合物转入250 mL圆底烧瓶中，按图3.13安装好水蒸气蒸馏装置。

(4)通入冷却水后，隔石棉网加热水蒸气发生器，当有大量水蒸气产生时，关闭T形管上的螺丝夹，使水蒸气导入圆底烧瓶中进行水蒸气蒸馏[1]。

(5)收集15～20 mL提取液后，先打开螺丝夹，再停止加热。待体系稍稍冷却，关闭冷却水，停止烟碱提取。

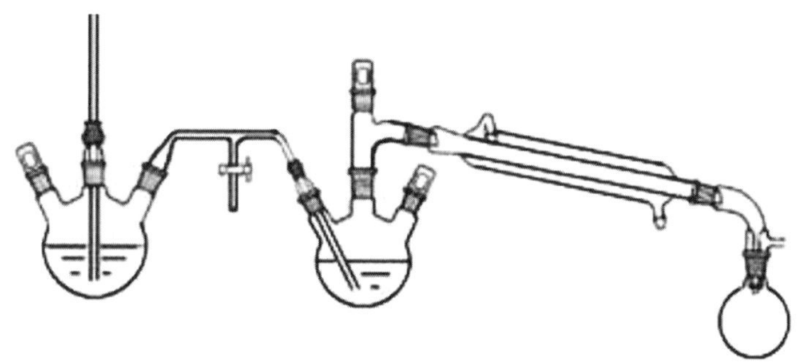

图3.13　水蒸气蒸馏装置

(6)烟碱的碱性试验。取一支试管，加入10滴烟碱提取液，再加入1滴0.1%酚酞试剂，振摇并观察现象。另取1滴烟碱提取液滴在红色石蕊试纸上，观察试纸的颜色变化。解释以上现象。

(7)烟碱的氧化反应。取一支试管，加入20滴烟碱提取液，再加入1滴0.5%高锰酸钾溶液和3滴5%碳酸钠溶液，摇动试管，于酒精灯上微热，观察溶液颜色是否变化，有无沉淀产生。写出反应式。

(8)与生物碱试剂的反应。取一支试管，加入10滴烟碱提取液，然后逐滴加入饱和苦味酸，边加边摇动，观察有无黄色沉淀生成。

注释：

[1]水蒸气蒸馏过程中，热源要稳定，否则会产生倒吸现象。停止加热前一定要先将螺丝夹打开，再移去热源，以防倒吸。

3.10.5 思考题

(1)水蒸气蒸馏有何特点？在什么情况下采用水蒸气蒸馏的方法进行分离提取？

(2)停止水蒸气蒸馏时，为什么要先打开螺丝夹，再停止加热？

第4章 多步骤合成实验

以简单的原料合成复杂的分子是有机合成的最重要的任务之一，也是有机合成最有活力的领域。多步骤连续有机合成实验的特点是前一步反应的产物即为下一步反应的原料，从基本原料起始，经过多步反应合成目标产物，经过现代仪器分析技术的检测鉴定，实现有机合成的全过程。由于各步反应的产率低于理论产率，总产率必然受到累加的影响。为保证多步骤有机合成实验的顺利进行，在每步反应中应使用正确的实验技术，严格控制反应条件，以保证最佳的产率。因此，这种多步骤连续有机合成实验有利于培养学生的实际操作能力，使学生树立严格认真和实事求是的科学作风，养成良好的实验习惯。

4.1 己内酰胺的合成与聚合

己内酰胺是重要的有机化工原料之一，大部分用于生产聚己内酰胺，后者约90%用于生产合成纤维，即卡普隆，10%用作塑料，用于制造齿轮、轴承、管材、医疗器械及电气、绝缘材料等，也用于涂料、塑料剂及少量地用于合成赖氨酸等。我国己内酰胺需求量近年来高速增长。己内酰胺的制法主要有：①以苯酚为原料，经环己醇、环己酮、环己酮肟而制得；②以环己烷为原料，用空气氧化法或光亚硝化法转化成环己酮肟，经重排而制得；③以甲苯为原料，用斯尼亚法合成。此外，也可以糠醛或乙炔为原料合成。在制备过程中，环己酮是主要的关键性中间原料。

本节介绍第一种制法，即经过三步合成己内酰胺，并进行聚合，从简单易得的原料合成有用的中间体，激发学生兴趣，强调实验中严谨的科学态度和良好的实验技能的重要性，为多步骤连续合成提供经验。具体合成路线如下：

(1)现代工业上生产环己酮的方法主要有苯酚法、环己烷氧化法、环己烯水合法等。

(2)环己酮肟的生产工艺有酮胺法和直接肟化法两种。酮胺法是环己酮-羟胺法的简称，需由环己酮与羟胺反应生成环己酮肟，是世界上最成熟、应用最广的生产工艺。

(3)重排得到己内酰胺：采用三级重排加中和结晶的工艺技术。环己酮肟在发烟硫酸的作用下进行重排反应，含有烟酸的重排液在中和结晶器中被氨中和，中和反应的热量使硫酸铵母液浓缩结晶。粗己内酰胺溶液经过萃取、加氢、蒸发、蒸馏等得到己内酰胺产品。

在多步骤连续合成中，有的中间体必须分离提纯，有的也可以不经提纯，直接用于下一步合成，这要根据对每步反应的深入理解和实际需要，恰当地做出选择。

4.1.1 环己酮的制备

一、实验目的

1. 掌握氧化法制备环己酮的原理和方法。

2. 巩固冷却、搅拌、回流、萃取、干燥以及蒸馏的基本操作。

二、实验原理

实验室制备脂肪或脂环醛酮比较常见的方法是用铬酸氧化相应的醇。反应中，重铬酸盐在硫酸作用下先生成铬酸酐，再和醇发生氧化反应，因酮比较稳定不易进一步被氧化，故一般具有较高的产率。为防止因进一步氧化而发生断链，控制反应条件仍然十分重要。

$$3\ \text{C}_6\text{H}_{11}\text{OH} + Na_2Cr_2O_4 + 4H_2SO_4 \longrightarrow 3\ \text{C}_6\text{H}_{10}\text{O} + Cr_2(SO_4)_3 + Na_2SO_4 + 7H_2O$$

三、仪器和药品

1. 仪器

机械搅拌装置，三口烧瓶，分液漏斗，冷凝管等。

2. 药品

环己醇，重铬酸钠，浓硫酸，无水硫酸镁等。

四、实验步骤

铬酸溶液配制[1]：在 100 mL 烧杯内，加入 10.4 g 重铬酸钠水合物、30 mL 水，搅拌溶解，冷却，边搅拌边加入 7.5 mL 浓硫酸，用水稀释至 50 mL，冷却到 0 ℃。

向装有回流冷凝管、滴液漏斗和机械搅拌装置的 250 mL 三口烧瓶中，加入 5.2 mL 环己醇和 25 mL 乙醚，冰水浴冷却[2]至 0 ℃。将冷却好的铬酸溶液置入滴液漏斗中，启动搅拌，10 min内将铬酸溶液滴加到三口烧瓶中，继续剧烈搅拌 15 min。

静置，分出有机相[3]，无机相用乙醚萃取(10 mL×2)，合并有机层，无机相倒入指定的废液缸中[4]。有机相分别用 10 mL 5%碳酸钠溶液、水(15 mL×2)洗涤，无水硫酸钠干燥。

粗产品滤入 100 mL 圆底烧瓶中，加几粒沸石，水浴蒸除乙醚(回收)。再通过电热套加热蒸馏环己酮，收集 152～155 ℃馏分。

产品进行折射率测定与红外光谱测定，并与环己醇的相关数据对照分析。

纯环己酮沸点为 155.6 ℃，$n_D^{20}=1.4520$。

注释：

[1]铬酸和硫酸的水溶液常用于醇氧化制备相应的醛或酮，即 Jones 试剂。

[2]铬酸氧化醇是一个放热反应，实验中必须严格控制反应温度以防反应过于剧烈。反应中应控制好温度，温度过低反应困难，过高则副反应增多。

[3]产物密度(0.9478)与水相差不大且在水中有一定溶解度(31 ℃时溶解度为 2.4 g)。如果出现馏出液分层不明显的情况，可加入饱和食盐水增大水层密度，同时利用盐析的作用使两层分开。

[4]废酸液不要触及皮肤，也不可乱倒，以防污染环境。

五、思考题

1. 本实验的氧化剂能否改用硝酸或高锰酸钾？为什么？
2. 本实验为什么要严格控制反应温度？温度过高或过低有什么不好？
3. 蒸馏产物时使用哪一种冷凝管？为什么？

4. 环己醇用硝酸氧化得到的产物是什么？

4.1.2 环己酮肟的制备

一、实验目的

1. 学习用酮和羟胺的缩合反应制备肟的方法。
2. 巩固冷却、搅拌、回流、干燥、减压过滤的基本操作。

二、实验原理

本实验以环己酮和盐酸羟胺为原料制备环己酮肟。反应式为：

$$\text{环己酮} + NH_2OH \cdot HCl \longrightarrow \text{环己酮肟 (C=N-OH)} + HCl$$

三、仪器和药品

1. 仪器

锥形瓶，烧杯，滴液漏斗，布氏漏斗，抽滤瓶。

2. 药品

盐酸羟胺，环己酮（上一步制备所得）。

四、实验步骤

在 50 mL 烧杯内将 2.5 g 盐酸羟胺溶解于 7.5 mL 水中（可以微微加热），然后慢慢用 6 moL/L 氢氧化钠水溶液中和（pH 为 8 左右），冷却至室温。

将 2.7 mL 环己酮加入 50 mL 圆底烧瓶中，加入 4.0 mL 乙醇，在不断搅拌下，滴加上述羟胺溶液。加毕，回流 20 min，回流后如溶液中有不溶性固体杂质，则趁热减压过滤[1]。将滤液冷却，析出晶体，过滤，干燥，称重，计算产率，测定产品熔点。

注释：

[1]若此时环己酮肟呈白色小球状，则表示反应还未完全，需继续振摇。

五、思考题

1. 酸性过强对反应有什么负面影响？
2. 为什么还需要搅拌或激烈振荡？

4.1.3 己内酰胺的制备及质量检测

一、目的要求

1. 掌握实验室以贝克曼重排反应来制备酰胺的方法和原理。
2. 掌握贝克曼重排反应历程。
3. 掌握和巩固低温操作、干燥、减压蒸馏、沸点测定等基本操作。

二、基本原理

脂肪族醛、酮和芳香族醛、酮与氨的衍生物在羟胺作用下生成肟，酮肟或醛肟在五氯化磷、硫酸、多聚磷酸、苯磺酰氯等酸性试剂作用下发生分子重排生成酰胺，这种反应即为贝克曼重排。不对称的酮肟或醛肟进行重排时，总是肟羟基反式位置的羟基迁移到氮原子上，即为反式迁移。在重排过程中，羟基的迁移与羟基的离去同时发生。该反应是立体专一的。

$$\text{C}_6\text{H}_{10}\text{=N—OH} \xrightarrow{85\%\ H_2SO_4} \left[\ \text{N=C(OH)}\ (\text{环}) \ \right] \xrightarrow{20\%\ NH_3\cdot H_2O} \text{H—N—C=O}\ (\text{环})$$

通过贝克曼重排反应，鉴定生成的酰胺或酰胺的水解产物，可以知道酮肟的构型，因而可以知道原来的结构。应用贝克曼重排可以合成一系列酰胺，尤其是环己酮肟重排制己内酰胺具有重要的工业意义。

己内酰胺是一种重要的化纤原料和有机化工产品，90％用于聚合生成聚酰胺切片(尼龙 6 切片)，10％用于精细化工行业，主要用来作医药中间体、涂料等。尼龙 6 切片进一步加工生成纤维、工程塑料、塑料薄膜等，纤维可制成纺织品、工业丝和地毯用丝，工程塑料可用作汽车、船舶、电子电器的构件和组件，薄膜可用于食品包装，其中纤维和工程塑料为国内尼龙 6 主要消费领域。

己内酰胺在精细化工方面的用途十分广泛，可作组织渗透剂、化工中的溶剂、重要的有机合成中间体、催化剂、黏合剂、辐射固体型表面涂料、封端剂、杀菌剂、扩链剂、光产碱剂、洗涤剂、化妆品等。

国标 GB/T 13254-2008 规定了工业用己内酰胺的技术要求、试验方法、检验规则及标志、包装、运输和贮存，其质量指标包括 50％水溶液色度、结晶点、高锰酸钾吸收值、挥发性碱含量、290 nm 波长处吸光度、酸度或碱度、铁含量、环己酮肟含量 8 个项目，其详细规定分别见 GB/T 13255.1 至 GB/T 13255.8。本实验主要检测高锰酸钾吸收值、挥发性碱含量及环己酮肟含量。

三、仪器和药品

1. 仪器

圆底烧瓶，温度计，直形冷凝管，分液漏斗等。

2. 药品

环己酮肟(上一步制备所得)，硫酸。

四、实验步骤

1. 己内酰胺的制备

在烧杯中加入 5 g 环己酮肟和 20 mL 85％硫酸，玻璃棒搅拌使反应物混合均匀。在烧杯中放置一支 200 ℃的温度计，小心慢慢加热烧杯，当开始有气泡的时候(约 120 ℃)，立即移去热源，此时发生强烈的放热反应，温度很快自行上升(可达到 160 ℃)，反应在几秒钟内立即完成。稍冷却后，将此溶液倒入 250 mL 三口瓶中。三口瓶分别安装搅拌器、温度计和筒形滴液漏斗，在冰盐水中冷却。当溶液温度下降至 0～5 ℃时，不断搅拌下小心滴入 20％氨水，控制温度在 20 ℃以下，以免己内酰胺在温度较高时发生水解，直至溶液恰好对石蕊试纸呈碱性(通常需加约 30 mL 20％氨水)，约半小时加完。粗产物倒入分液漏斗中，分去水层。有机层转入 30 mL 克氏蒸馏瓶，进行减压蒸馏，收集 127～133 ℃/0.93kPa，137～140 ℃或 140～

144 ℃/1.87 kPa 时的馏分。馏出物在接收瓶中固化成无色结晶。

2. 己内酰胺质量指标测试

(1)高锰酸钾吸收值的测定

按 GB/T 13255.3 规定的方法进行。

①试剂

磷酸二氢钾,磷酸氢二钠,高锰酸钾,盐酸,硫酸,草酸。

pH 值为 7.0 的缓冲溶液:将 1.330 g 磷酸二氢钾和 1.970 g 磷酸氢二钠用水溶解于 500 mL 容量瓶中,并稀释至刻度。

PAN 水:将 2.5 mL pH 值为 7.0 的缓冲溶液加入 1 L 的容量瓶中,稀释至刻度。该溶液应现用现配。

高锰酸钾标准滴定溶液:$c(\frac{1}{5}KMnO_4)=0.01$ moL/L,贮于棕色瓶中,用时现配。

②仪器的清洗

所用玻璃器具第一次使用时首先用硫酸洗涤,然后用自来水冲洗,再用盐酸洗涤,最后用水洗涤并且至少每 6 个月按该方法清洗一次。玻璃器具使用后,如果有二氧化锰沉积在玻璃内壁,可以用草酸清洗掉。

③测定

称取(3.00±0.03)g 实验室样品于 100 mL 容量瓶中,用 PAN 水溶解并稀释至刻度,混匀。置容量瓶于(25.0±0.5)℃的恒温水浴中,至少保温 15 min,然后用移液管加入2 mL 高锰酸钾标准滴定溶液,立即启动秒表,充分混匀后,再置入水浴中。9 min 后,将溶液注入 5 cm 吸收池中,于 10 min±10 s 时,以水为参比,在 420 nm 波长处测量吸光度。

④空白实验

用 PAN 水注入 100 mL 容量瓶至刻度,然后按③所述进行同样的测定。

⑤结果计算

高锰酸钾吸收值 X 按下式计算:

$$X=(A_1-A_0)\times\frac{100}{3}$$

式中,A_1——试料溶液所测得的吸光度;

A_0——空白实验所测得的吸光度。

两次平行测定结果之差不大于 0.3,取其算术平均值为测定结果。

(2)挥发性碱含量的测定

按 GB/T 13255.4 规定的方法进行。

①试剂

氢氧化钠溶液 160 g/L;氢氧化钠标准滴定溶液,浓度 0.01 moL/L;盐酸标准滴定溶液,浓度 0.01 moL/L;甲基红-次甲基蓝混合指示剂。

②仪器

蒸馏仪器的各部件用橡皮塞和橡皮管连接,仪器如图 4.1 所示,包括以下各部件:长颈定氮烧瓶(开氏),500 mL;分液漏斗,100 mL;直形冷凝管,外套管长 400 mm;定氮球,直径(70±5)mm;接收器,250 mL 锥形瓶;电炉,带调压变压器。

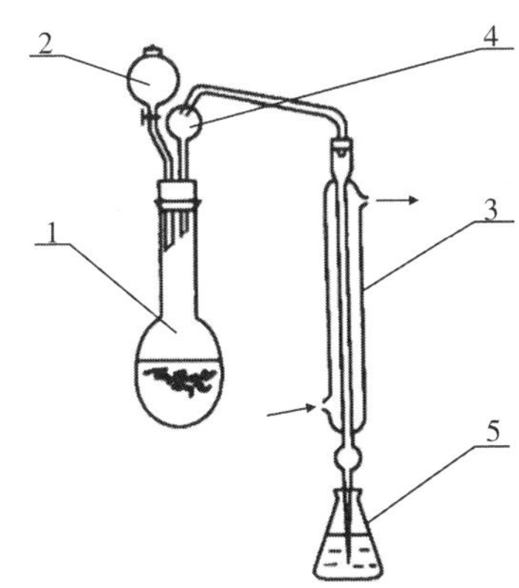

1—开氏烧瓶；2—分液漏斗；3—直形冷凝管；4—定氮球；5—锥形瓶

图 4.1　己内酰胺中挥发性碱含量测定用蒸馏仪器

③测定

称取约 20 g 实验室样品，精确至 0.1 g，置于开氏烧瓶中，用水溶解并稀释到 150 mL，加入数颗沸石，将仪器各部件安装连接好，冷凝管出口插在盛有 10.0 mL 盐酸标准滴定溶液、30 mL 水和 5 滴混合指示剂的接收器中，管口应插液面下。从分液漏斗中加入约 50 mL 氢氧化钠溶液于开氏烧瓶内，置烧瓶于电炉上加热蒸馏，调节蒸馏速度，约在 30 min 内收集 100 mL 蒸馏液。停止加热，立即从冷凝管上拆下定氮球接管，用水冲洗冷凝管及出口，洗涤液收集于接收器中，用氢氧化钠标准滴定溶液滴定至溶液呈灰绿色即为终点。

④空白实验

在测定的同时，不加试料，按同样的步骤进行空白实验。

⑤计算结果

以氢氧化钠（NaOH）表示的挥发性碱含量 X（mmoL/kg）按下式计算：

$$X=\frac{c(V_0-V_1)}{M}\times 1000$$

式中，

c——氢氧化钠标准滴定溶液浓度，moL/L；

V_0——空白实验所耗用的氢氧化钠标准滴定溶液体积，mL；

V_1——试料测定所耗用的氢氧化钠标准滴定溶液体积，mL；

M——试料质量，g。

两次平行测定结果之差不大于 0.03 mmol/kg，取其算数平均值为测定结果。

(3)环己酮肟含量

按 GB/T 13255.8 规定的方法进行。

①试剂

过硫酸铵；硫酸溶液（1+9）；甲醛溶液（5+1）；硫酸铁铵溶液（100 mg/L）：称取 10 g 硫酸铁铵，加水溶解，稀释至 100 mL，再加入 1.5 mL 硫酸溶液（1+90）混匀，出现浑浊时需过滤；环己酮肟：在苯中两次重结晶制得；环己酮肟标准溶液：100 mg/L，称取 0.100 g 环己酮肟，精确至 0.001 g，置于 50 mL 烧杯中，用数滴乙醇溶解后，用水定量转移至 1000 mL 容量瓶中，并稀释至刻度，混匀。

②工作曲线的绘制

用刻度移液管分别准确移取 0.0 mL、1.0 mL、2.0 mL、3.0 mL、4.0 mL、5.0 mL 环己酮肟标准溶液于 6 个 100 mL 容量瓶中，分别依次加入 50 mL 水、2 mL 硫酸溶液、5 mL 甲醛溶液、2.5 mL 硫酸铁铵溶液和 1 g 过硫酸铵，混匀，用水稀释至刻度，再混匀。10 min 后，在 500 nm 波长处用 5 cm 吸收池，以水作为参比，在分光光度计上测量吸光度。以环己酮肟含量为横坐标、以相对应的吸光度作为纵坐标，绘制工作曲线。

③测定

称取 10 g 样品，精确到 0.1 g，置于 100 mL 容量瓶中，加入 50 mL 水使之溶解，再加入 2 mL 硫酸溶液，依次加入 5 mL 甲醛溶液、2.5 mL 硫酸铁铵溶液和 1 g 过硫酸铵，混匀，用水稀释至刻度。10 min 后，在 500 nm 波长处用 5 cm 吸收池，以水作为参比，在分光光度计上测量吸光度。按所测得的吸光度在工作曲线上查出试料溶液中环己酮肟含量。

④结果计算

以 mg/kg 表示环己酮肟含量 X，按照下式计算：

$$X = m_1/(m \times 1000) \times 10^6$$

式中，m_1——工作曲线上查出的试样溶液中环己酮肟含量，mg。

m——试样质量，g。

两次平行测定结果之差不大于 5 mg/kg，取平均值。

五、思考题

1. 滴加氨水时为什么要控制反应温度？
2. 粗产品转入分液漏斗中，分出水层为哪一层？应从漏斗的哪个口放出？

4.1.4 聚己内酰胺的制备

一、目的要求

1. 了解聚合物合成的基本原理。
2. 初步掌握聚合物合成的方法。

二、基本原理

聚己内酰胺通常称为尼龙，其结构为含酰胺基团(CONH—)的线型高分子化合物。己内胺具有不稳定的七元环结构，因此在高温和催化剂作用下可以开环聚合成线型高分子，通常称为尼龙 6，我国称之为锦纶，可做纤维。本实验利用已合成的己内酰胺开环聚合生成尼龙 6，掌握使用封管操作技术及制备聚己内酰胺的基本方法。

聚合反应的催化剂除了常用的水之外，还有有机酸碱或金属锂、钠等。采用不同的催化剂，聚合机理不同，从而聚合速率和所得的聚合物也不相同。用水作催化剂时，通常得到相对分子量为 $10^4 \sim 4\times10^4$ 的线型高聚物，其两端分别为氨基和羧基，反应式如下：

$$(n+1)\,\text{[己内酰胺]} \xrightarrow{H_2O} HO-\overset{O}{\overset{\|}{C}}-(CH_2)_5-\!\!\left[NH\overset{O}{\overset{\|}{C}}(CH_2)_5\right]_n\!\!-NH_2$$

三、仪器和药品

1. 仪器

聚合炉，厚壁硬质玻璃(闭)管(Carius管)及保护套，长颈漏斗，酒精喷灯。

2. 药品

氮气，己内酰胺(自制，3 g)，水。

四、实验步骤

1. 加料

封管中加入3 g己内酰胺，用滴管加入质量1%的蒸馏水，纯氮置换封管空气，封闭管口。

2. 反应

加上保护套，放入聚合炉，250 ℃加热约5 h。反应后期应得到极黏稠的熔融物，将封管自聚合炉中取出，任其自行冷却，管内熔融物质即凝成固体，再打开封管，取出聚合物，称量。

3. 相对黏度测定

(1)仪器

分析天平：精确到0.0001 g；硫酸浓度测定仪；数字式自动黏度仪：±0.01 s；恒温水槽：配有黏度计架；乌氏毛细管黏度计；恒温培养振荡箱：0～250 r/min，室温至60 ℃；自动计量器：精确至0.01 mL；温度计：22～26 ℃，精确至0.01 ℃；窄颈平底烧瓶：5 L；量筒：100 mL，25 mL；血清瓶：100 mL。

(2)试剂

浓硫酸：分析纯，98%；超纯水；硫酸(96%±0.1%，质量分数)：用硫酸浓度测定仪准确测定浓硫酸的质量分数(w)，按下式计算配制成96%浓硫酸所需添加的超纯水质量(m)，混匀后重新测定最终硫酸质量分数，合格后记录数据，放置于窄颈平底烧瓶中。

$$m=\left(\frac{w}{96\%}-1\right)\times 1.836\times V$$

式中，m——配制成96%浓硫酸所需要添加超纯水的质量，g；

w——98%浓硫酸的质量分数，%；

1.836——98%浓硫酸的密度，g/mL；

V——98%浓硫酸的体积，mL。

(3)步骤

①溶剂流动时间的测定

将恒温槽设置到(25±0.02)℃，向黏度计中添加约16 mL硫酸(96%±0.1%)后，将黏度计置于水槽内的工位中，恒温20 min，并测量硫酸通过黏度计的流动时间。重复测3次，3次测定值的差值不应超过0.1 s，计算平均值即为流动时间t_0。

②溶液流动时间的测定

称取约0.2 g(精确至0.1 mg)样品于100 mL血清瓶中，按1 g样品对应100 mL 96%硫酸的比例，用自动计量器加入96%硫酸；将血清瓶置入样品溶解振荡器中，在55 ℃、200 r/min的条件下摇振至溶解，需2.0～2.5 h(要保证样品完全溶解)；将溶解的样品加入黏度计中，将盛样品的黏度计置于测定其溶剂流过时的工位，在水槽中恒温20 min，确认温度计指示值在(25±0.02)℃后，再进行测量。重复测 3 次，3 次测定值的差值不应超过 0.2 s，计算平均值即为流动时间 t。

③结果计算

试样相对黏度的计算：

$$\eta_r = \frac{t}{t_0}$$

式中，η_r——样品的相对黏度；

t——聚合物溶液的平均流动时间，s；

t_0——溶剂的平均流动时间，s。

计算到小数点后四位，测定结果取算术平均值。

4. 熔点测定

(1)仪器

切片机；偏光显微镜；升温控制单元(包括加热台、控制装置、释放器)；载玻片，厚度 1 mm；盖玻片，18 mm×18 mm×0.17 mm。

(2)步骤

用切片机将样品切成厚度为 25 μm 的薄片，再用剪刀剪取约 0.5 mm^2 的样品，放在载玻片上，用盖玻片压紧。将载玻片放在加热台上，快速升温至 200 ℃，然后以 2 ℃/min 的速率升温，在显微镜下观察，当晶粒引起的光效应消失时，所显示的温度即为该样品的熔点。同一样品两次测定值之差不超过 0.5 ℃。计算结果以两次测试结果的平均值表示。

五、思考题

1. 为什么聚己内酰胺具有很强的吸水性和很高的抗拉强度？
2. 聚己内酰胺可以发生分子内氢键缔合吗？
3. 如何用化学方法测定本实验制备的聚己内酰胺的相对分子质量？

4.2 聚醋酸乙烯酯乳液的合成及乳胶漆的制备

涂料是涂于物体表面，形成具有保护、装饰或特殊性能的固态漆膜的一类液体或固体材料的总称。早期多以植物油为主要原料，故有“油漆”之称。传统的涂料(油漆)都要使用易挥发的有机溶剂，如汽油、甲苯、二甲苯、醋、酮等，以帮助形成漆膜。这不仅浪费资源，污染环境，而且给生产和施工场所带来安全隐患，如发生火灾和爆炸。研发挥发性有机化合物(VOC)含量较低的水性涂料是重要的科研方向。水性涂料是指溶剂为水或分散介质为水的涂料，由于水性涂料对环境的保护性和较好的相容性，且节约能源，所以很快为市场所接受，并蓬勃发展。制备水性涂料的关键是制备水性树脂。树脂以微细粒子团(粒径 0.1～2.0 μm)的形式分散在水中，形成的乳液称为乳胶。乳胶漆是一种用途广泛的新型涂料，具有价格低廉、使用简便、耐水性好、绿色环保、安全无毒等优点。乳胶漆的品种主要有聚醋酸乙烯乳胶漆、聚醋酸乙烯酯-丙烯酸酯乳胶漆、聚苯乙烯-丙烯酸酯乳胶漆、纯丙烯酸酯乳胶漆、叔碳酸酯乳胶漆等，其中内墙涂料以价廉物美的醋酸乙烯酯共聚类乳胶漆应用最多。

要把乳胶进一步加工成涂料，必须使用颜料和助剂。基本的助剂有分散剂、增稠剂、防霉剂、增塑剂、消泡剂、防锈剂等，有时还按涂料的具体用途加入其他助剂。常用助剂如下：

(1)分散剂(相润湿剂):这类助剂能吸附在颜料粒子的表面,使水能充分润湿颜料并向其内部孔隙渗透,从而使颜料分散于水相乳胶中,分散态的颜料微粒不会聚集和絮凝。用无机颜料时,常用六偏磷酸钠或多聚磷酸盐等作分散剂,它们能使颜料在水中分散良好。有机颜料多用表面活性剂作为分散剂。

(2)增稠剂:能增加涂料的黏度,起到保护胶体和阻止颜料聚集、沉降的作用。如选用得当,还能改善乳胶漆的涂刷施工性能和涂膜的流平性。增稠剂一般是水溶性的高分子化合物,如聚乙烯醇、纤维系衍生物、聚丙烯酸盐等。

(3)防霉剂:加有增稠剂(尤其是添加了纤维素衍生物)的乳胶漆,容易在潮湿的环境中长霉,故常在乳胶涂料中加入防霉剂。常用的防霉剂有酚类、五氯酚钠(用量 0.2%)、醋酸苯汞(用量 0.05%~0.10%)、三丁基氧化锡(用量 0.05%~0.10%)等。三丁基氧化锡有剧毒且价格昂贵,但对防止真菌的寄生很有效。使用防霉剂时要防止中毒。

(4)增塑剂和成膜助剂:涂覆后的乳胶漆在溶剂挥发后,余下的分散粒子需经过接触合并,才能形成连续均匀的树脂膜。因此,树脂必须具有低温不易变形的性质。添加增塑剂可使乳胶树脂较易成膜,而且使固化后的漆膜有较好的柔顺性。成膜助剂是有适当挥发性的增塑剂。常用的成膜助剂有乙二醇、丙二醇、己二醇、一缩乙二醇、乙二醇丁醚醋酸酯等。

(5)消泡剂:涂料中存在泡沫时,在干燥的漆膜中会形成许多针孔。消泡剂的作用就是去除这些泡沫。磷酸三丁酯、C8~C12 的脂肪醇、水溶性硅油等是常用的消泡剂。

(6)防锈剂:用于防止包装铁罐生锈腐蚀和钢铁表面在涂刷过程中产生锈斑。常用的防锈剂是亚硝酸钠和苯甲酸钠。

(7)填料(颜料):在涂料中起到“骨架”作用,使涂膜更厚实,有良好的遮盖力。常用的填料有钛白粉、立德粉、滑石粉和轻质碳酸钙。

一、实验目的

1. 掌握乳液聚合基本操作,制备醋酸乙烯酯乳液。
2. 学习水溶性涂料的基本知识,掌握设计涂料配方的方法。
3. 掌握醋酸乙烯乳胶漆的制法和实验技术。
4. 掌握测定乳胶漆性能的方法。

二、实验原理

1. 醋酸乙烯酯乳胶合成原理

醋酸乙烯酯乳胶广泛应用于建筑、纺织、涂料等领域,主要作为胶黏剂、涂料使用,既要具有较好的黏接性,而且要求黏度低,固含量高,乳液稳定。醋酸乙烯酯可进行本体聚合、溶液聚合、悬浮聚合和乳液聚合,作为涂料或胶黏剂多采用乳液聚合。醋酸乙烯酯的乳液聚合是以聚乙烯醇和 OP-10 为乳化剂、过硫酸钾为引发剂,进行自由基聚合,经过链的引发、增长、终止等基元反应,生成聚醋酸乙烯酯乳胶粒,最终得到外观是乳白色的乳液。

主要的聚合反应式如下:

$$S_2O_8^{2-} \longrightarrow SO_4^{2-}$$

$$R + \underset{\displaystyle OCOCH_3}{CH_2{=}\underset{|}{CH}} \longrightarrow \underset{\displaystyle OCOCH_3}{RCH_2\underset{|}{CH}} + \underset{\displaystyle OCOCH_3}{CH_2{=}\underset{|}{CH}} \longrightarrow \sim\sim\underset{\displaystyle OCOCH_3}{CH_2\underset{|}{CH}}$$

2. 涂料制备

将成膜助剂丙二醇、分散剂六偏磷酸钠投入反应容器中，加水溶解，一次加入填料钛白粉、滑石粉和碳酸钙及消泡剂磷酸三丁酯，搅拌均匀，加入醋酸乙烯酯乳胶和彩色颜料浆即得涂料。

三、仪器与试剂

1. 仪器

恒温水浴，电动搅拌器，温度计，冷凝管，四口烧瓶，滴液漏斗，量筒，烧杯，集热式磁力搅拌器，机械搅拌器，高速搅拌机，旋转黏度计，干燥时间测定仪，黑白格测定仪，鼓风干燥箱，框式涂布器，电子天平。

2. 试剂

醋酸乙烯酯，聚乙烯醇(1799)，OP-10(烷基酚聚氧乙烯醚)，过硫酸钾(KPS)，碳酸氢钠，碳酸钠，邻苯二甲酸二丁酯，六偏磷酸钠，丙二醇，碳酸钙，滑石粉，钛白粉，磷酸三丁酯，彩色色浆。

四、实验步骤

1. 聚醋酸乙烯酯乳胶的制备

(1)实验装置如图 4.2 所示，四口烧瓶中装好搅拌器、回流冷凝管、滴液漏斗和温度计并固定在恒温水浴里。先加入 4.00 g 聚乙烯醇和 70 mL 蒸馏水，开动搅拌，加热水浴，使温度升至 90 ℃，将聚乙烯醇完全溶解。

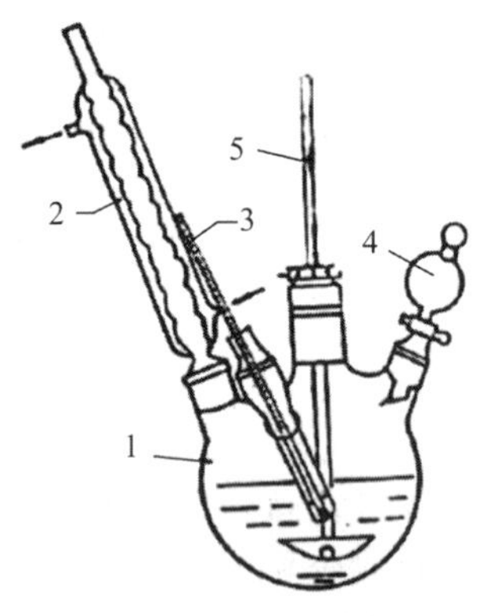

1—四口瓶；2—球形冷凝管；3—温度计；4—漏斗；5—搅拌杆

图 4.2　乳液聚合装置

(2)降温至 68～70 ℃，依次加入 1.50 g OP-10、10.00 g 醋酸乙烯酯搅拌 20 min。准确称取 0.30 g 过硫酸钾，用 10 mL 蒸馏水溶解于 50 mL 烧杯中，将一半的溶液倒入四口烧瓶中。

(3)反应 30 min 后，用滴液漏斗加入 20.00 g 醋酸乙烯酯(控制滴加速度在 0.5 g/min

左右)，40 min 左右加完，将剩下的过硫酸钾水溶液倒入四口烧瓶中。再称取 10.00 g 醋酸乙烯酯置于滴液漏斗中进行滴加(滴加速度控制在 0.5 g/min 左右)，滴加时注意控制反应温度不变。

(4)单体滴加完后，保持温度继续反应到无回流，逐步将反应温度升到 90～95 ℃，继续反应至无回流时撤去水浴。在反应过程中，要随时测定体系的 pH 值，保证 pH 值在 4～6。如果体系的 pH 值降低了，可以加入 10%的碳酸氢钠溶液进行调节。

(5)将反应混合物冷却至约 50 ℃，加入 10%碳酸氢钠溶液调节体系的 pH 值为7～8，经充分搅拌后，冷却至室温，出料，观察乳液外观。

2. 聚醋酸乙烯酯乳胶的分析

(1)采用质量法测量乳胶的固含量

将两个相同的表面皿在(120±2) ℃烘干 30 min，放入干燥器中冷到室温，称重。

将制备的乳胶放在一个表面皿中，另一个放在上面(凸面在上)，在天平上准确称取 1.5～2.0 g，然后将上面的表面皿反过来，使两块相互吻合，轻轻压下，再将其分开，使试样面朝上，放入(120±2) ℃的恒温鼓风干燥箱干燥 2 h，取出，放在干燥器中冷却到室温，称重，计算固含量。每个固含量做平行样。

(2)乳胶的流变性测量

采用旋转黏度计，选用 3 号转子，在不同的转速下测定乳胶的黏度，计算其流变性。

3. 聚醋酸乙烯乳胶漆的制备

(1)安装好高速搅拌器，选择所用的原料。

(2)把 8 g 丙二醇、15 g 10%的六偏磷酸钠水溶液及 60 g 去离子水按顺序加入 250 mL 三口烧瓶中。

(3)开动高速搅拌器，在慢速下逐渐加入 50 g 钛白粉、25 g 滑石粉和 18 g 碳酸钙，快速搅拌分散均匀。

(4)慢慢加入 1 g 磷酸三丁酯，继续快速搅拌 30 min 后，慢速加入 120g 聚醋酸乙烯酯乳胶，直到搅匀为止，即得白色涂料。

(5)加入少量彩色颜料浆，可得到彩色涂料。

另一种乳胶漆的配方：在烧杯中加入 80 mL 去离子水、0.36 g 羧甲基纤维素和 0.3 g 聚甲基丙烯酸钠，在室温下搅拌至全溶。再加入 0.56 g 六偏磷酸钠、1.1 g 亚硝酸钠，搅拌溶解。在强力搅拌下，依次逐渐加入 30 g 滑石粉和 96 g 钛白粉。继续强力搅拌至固体达到最大限度分散后，才将前面制得的 150 g 聚醋酸乙烯酯乳胶加入，充分调配均匀，最后加氨水调 pH 值至 8 左右，制得白色的聚醋酸乙烯乳胶漆。

4. 聚醋酸乙烯酯乳胶漆的性能测定

(1)干燥时间测定

用框式涂膜器在清洁、干燥的标准玻璃板上涂上一层市售的乳胶漆，漆膜应均匀、连续，安装好干燥时间测定仪，开启设备，测定市售乳胶漆的干燥时间。采用相同方法测定制备的乳胶漆的干燥时间。

(2)固含量的测定

测定制备的乳胶漆和市售乳胶漆的固含量，采用与前面测定乳胶相同的方法。每个样测定平行样。

(3)涂料的耐水性

标准板在 120 ℃下干燥 1 h 后保存在干燥器中，在 3 块标准板上刷涂漆膜质量为 0.5～0.8 g，且 3 块板刷涂质量差不大于 10%。在 120 ℃的烘箱中干燥 1 h，取出测定其质量变化。在 1000 mL 烧杯中加入 600 mL 水，加热致沸，将漆板放入热水中，沸腾 20 min 后取出观察，并记录其失光、变色、起泡、脱落等的程度(以百分比表示)。

(4)测定涂料的遮盖力

采用黑白格涂料遮盖力测定仪测定。在精密电子天平上称出装有乳胶漆的杯子和漆刷的总质量，用漆刷将乳胶漆均匀涂刷于黑白格板上，放在观察箱中，距离磨砂玻璃片 15～20 cm，有黑白格的一端与平面倾斜成 30～45°交角，在观察箱日光灯下进行观察，以看不见黑白格为终点。然后将盛有余漆的杯子和漆刷称重，求出黑白格板上的油漆总量。刷涂时应快速均匀，不应将乳胶漆刷在板的边缘上。

其遮盖力计算为：

$$X=(W_1-W_2)/S=50\times(W_1-W_2)$$

式中，W_1——未涂刷前乳胶漆和漆刷的总质量；

W_2——涂刷后余漆和漆刷的总质量；

S——黑白格板涂漆的面积。

平行测定两次，结果之差不大于 5%，取平均值。否则必须重新测定。

(5)直观效果判断

在石膏板上刷涂制备的乳胶漆和市售的乳胶漆，观察乳胶漆的均匀度、遮盖力、平整度、色度等，并与其他组的产品进行对比。

五、注意事项

1. 聚乙烯醇必须溶解完全，反应体系中应避免带入铁、铜等有阻聚作用的离子。制备聚乙烯醇溶液时，发现有块状物出现时一定要设法取出。

2. 按要求严格控制单体滴加速度，如果开始阶段滴加快，乳液中出现块状物，使实验失败。

3. 严格控制反应各阶段的温度。

4. 醋酸乙烯酯单体必须是新蒸馏过的，因其分解生成的醛、酸等有阻聚作用，造成聚合物的相对分子量降低。

5. 单体加完后补加引发剂，并升温至 95 ℃，目的是要尽可能地减少最后未反应的剩余单体量，这对乳胶的稳定性和乳胶的质量是有利的。因为游离单体存放时会水解而产生醋酸和乙醛，使乳胶的 pH 值降低，影响乳胶的稳定性。采取在 700 mmHg 真空下抽 1～2 h 的方法，能使残余单体质量分数减少至 1%以下。

六、思考题

1. 聚合反应按聚合体系和反应机理可以分成哪些类型？聚醋酸乙烯单体的聚合是什么反应？

2. 为什么使用的醋酸乙烯酯单体必须新精馏？

3. 为什么大部分的单体和引发剂采用逐步滴加的方式加入？

4. 乳胶的稳定性受哪些因素影响？

5. 聚乙烯醇在反应中起什么作用？为什么要与乳化剂 OP-10 混合使用？

6. 在搅拌颜料、填充料时为什么采用高速搅拌？用普通搅拌器或手工搅拌对涂料性能有何影响？

7. 试说出配方中各种原料所起的作用。

4.3 纯丙乳液的合成及白色平光外墙乳胶漆的配制

纯丙乳液由于其较好的性能，在国内外早有研究和应用。纯丙乳液是由丙烯酸酯类、甲基丙烯酸酯类、丙烯酸三元共聚得到的共聚乳液的简称，其最突出的优点是耐候性好，涂膜光泽柔和，同时还具有附着力强、硬度高、耐污、耐腐蚀等优点。因此，采用纯丙乳液为基料的外墙乳胶漆是目前较为高档的一种水性涂料，其主要功能是装饰和保护建筑物面，使建筑物外貌整洁美观，从而达到美化城市环境的目的，同时能起到保护建筑物外墙的作用，延长其使用寿命。

本节主要介绍纯丙乳液的合成方法及纯丙乳液在白色平光外墙乳胶漆中的应用。

一、实验目的

1. 了解纯丙乳液单体的构成。

2. 熟悉纯丙乳液合成的装置。

3. 掌握纯丙乳液的合成方法。

二、实验原理

共聚合是由两种或两种以上单体共同聚合，生成分子中含有两种或两种以上单体单元的聚合物的反应，其产物为共聚物。由于共聚物的分子链由两种（或多种）单体单元组成，其理化性能取决于这些单体单元的性质、相对数量和排列情况，因此利用共聚合可设计和制造出符合人们所要求性能的聚合物，大大扩充了聚合物的品种和应用领域。自由基共聚反应机理与均聚反应基本上相同，也可分为链引发、链增长及链终止三个阶段。

单体是形成聚合物的基础，决定着乳液产品的物理、化学及机械性能。本实验以甲基丙烯酸甲酯为硬单体，赋予乳胶膜一定的硬度、耐磨性和结构强度；以丙烯酸正丁酯为软单体，赋予乳胶膜一定的柔韧性和耐候性。

三、实验用品

1. 仪器

三口烧瓶，冷凝管，恒压漏斗，温度计，水浴锅，机械搅拌器，配漆桶，烧杯，机械搅拌器，电子天平，马口铁片，刷子等。

2. 药品

甲基丙烯酸甲酯（MAA），丙烯酸丁酯（BA），丙烯酸（AA），十二烷基硫酸钠（SBS），OP-10，引发剂（KPS），水，碳酸氢钠，对苯二酚，纤维素，分散剂，多功能助剂，杀菌剂，消泡剂，增稠剂，钛白粉，煅烧高岭土，纯丙乳液，成膜助剂。

四、实验步骤

1. 将 0.3 g KPS 加入 30 g 水中溶解形成引发剂溶液（待用）。

2. 依次将 0.3 g 碳酸氢钠溶液、60 g 水、1 g SBS、1 g OP-10 加入装有机械搅拌器、回流

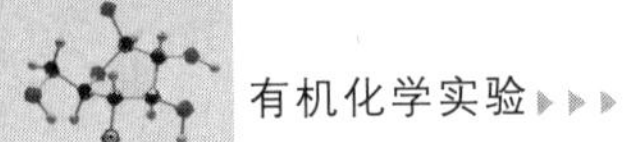

冷凝管的三口烧瓶中，加热至 75～80 ℃，快速搅拌 15 min。

3. 低转速搅拌下，缓慢滴入单体混合物(MAA＋BA＋AA)和引发剂溶液。

4. 待烧瓶中蓝相出现，调高滴加速度，使在 1.5～2.0 h 内滴完，保温 15 min。

5. 停止加热，冷却到温度为 60 ℃，滴加氨水调节 pH 值为 8～9，出料，得到白色乳状液，装入瓶中备用。

6. 纯丙乳液性能测定

转化率测定：称取少量乳液(约 2 g)于培养皿中，再加上微量阻聚剂对苯二酚，放入120 ℃烘箱中，干燥 0.5 h，取出冷却后再称重，计算单体总转化率。

凝胶率：将制备的乳液过滤，残余物置于烘箱中干燥，称重，计算凝胶率。

化学稳定性：用 5％氯化钙溶液滴定 20 mL 乳液，观察是否出现絮凝、破乳现象。

玻璃化转变温度 T_g 测定：将一定量乳液置于烧杯中，加入甲醇，使聚合物沉淀，经洗涤和干燥后得到聚合物，用差示扫描量热仪(DSC)测定玻璃化转变温度。

结构表征：聚合物采用红外光谱仪进行结构测定。

7. 将 20 g 去离子水、0.1 g 纤维素、1.0 g 分散剂、0.1 g 多功能助剂、0.3 g 杀菌剂、0.08 g 消泡剂、0.1 g 增稠剂依次加入烧杯中，搅拌使其均匀溶解。

8. 高转速搅拌下，依次加入 45 g 钛白粉、16 g 煅烧高岭土，搅拌 40 min，使其均匀分散。

9. 低速搅拌下，加入 80 g 纯丙乳液，搅拌 5 min。

10. 依次加入 3 g 成膜助剂、12 g 去离子水、0.1 g 增稠剂，搅拌均匀，得到乳胶漆产品。

11. 测定乳胶漆的性能，测试干燥时间、固含量、耐水性、遮盖力。

五、思考题

1. 分析乳液的单体转化率。
2. 碳酸氢钠溶液的作用是什么？
3. 阴离子、非离子乳化剂复合使用的原理是什么？
4. 加入羟乙基纤维素的作用是什么？
5. 加入乳液时为何需调低转速？
6. 钛白粉和高岭土各自的作用是什么？

第 5 章　有机化合物定性分析实验

5.1　烯烃、炔烃的鉴定

烯烃与炔烃分子中含 C═C 和 C≡C 键，是不饱和的碳氢化合物，易于发生加成反应和氧化反应，如与 5%溴的四氯化碳溶液反应会使溴的红棕色消失；能被高锰酸钾溶液氧化使高锰酸钾的紫色褪去。末端炔烃含有活泼氢，可与硝酸银氨溶液反应生成炔化银白色沉淀，据此可鉴别末端炔烃类化合物。

$$RC{\equiv}CH + Ag(NH_3)_2NO_3 \longrightarrow RC{\equiv}CAg\downarrow(白)$$

5.1.1　溴的四氯化碳溶液检验烯烃和炔烃

实验：在一干燥试管中加入 1～2 mL 四氯化碳和几滴烯烃样品或炔烃样品，待样品溶解后，边摇动边滴加 5%的溴的四氯化碳溶液，观察反应情况，记录实验现象。（溴褪色，无气体逸出为正反应。）

5.1.2　高锰酸钾溶液检验烯烃和炔烃

将高锰酸钾的稀水溶液滴加到烯烃或炔烃中，高锰酸钾溶液的紫色会褪去。由于 MnO_4^- 被还原成 MnO_3^-，MnO_3^- 很不稳定，歧化为 MnO_4^{2-} 和 MnO_2，因此在反应时能见到 MnO_2 沉淀生成。

实验：在试管中加入几滴烯烃样品和 1～2 mL 水，待样品溶解后，边摇动边滴加 2%高锰酸钾溶液，观察反应情况，记录实验现象。（紫色消褪为正反应。）

5.1.3　硝酸银氨溶液鉴别末端炔烃

实验：将 2 mL 3%硝酸银溶液和 1 滴 10%氢氧化钠溶液加入一干净试管中(有灰色沉淀产生)，然后滴加 2 mol/L 氨水至沉淀刚好完全溶解。将 2 滴试样(末端炔烃)加入此溶液中，观察反应结果，记录实验现象。（有白色沉淀产生为正反应。）

注意：炔化银干燥后，经撞击会发生强烈爆炸，生成金属和碳，故在反应完了时，应加入稀硝酸使之分解。

5.1.4　铜氨溶液鉴别末端炔烃

实验：将 2 mL 水和一小粒氯化亚铜固体加入一干净试管中，然后滴加 2 mol/L 氨水至沉淀刚好完全溶解。将 2 滴末端炔烃试样加入此溶液中，观察反应现象，记录实验结果。（有红色沉淀产生为正反应。）

炔化铜干燥后，经撞击会发生强烈爆炸，生成金属和碳，故在反应完了时，应加入 1∶1 稀硝酸使之分解。

5.2 芳香烃的鉴定

在室温和无催化剂存在时，大部分芳烃是不活泼的，但在催化剂存在下可以发生取代反应，通常用三氯化铝和氯仿来检验芳烃。

5.2.1 溴化作用

取两支试管，各加入 10 滴苯和 2 滴溴的四氯化碳溶液，在其中一支试管中再加入少许铁粉，摇动试管，放置片刻，观察有什么变化。若无变化，温热片刻，并比较结果。

注意：因三溴化铁颜色深，影响观察溴色褪去，只要颜色有变化，且有 HBr 放出(可用湿润的 pH 试纸在试管口检验，或将沾有氨水的脱脂棉置于试管口，看其是否冒白烟)即可。不加铁粉的无变化。不活泼芳烃一定要在路易斯酸催化剂存在下才能发生反应，实验时要充分摇动，加热以加速反应。

5.2.2 硝化作用

在一干燥的试管中加入 1 mL 浓硝酸和 2 mL 浓硫酸，将试管放在水溶液中加热至混酸温度达 70 ℃左右，加入 3 滴苯，每加 1 滴都充分摇动。加毕，将试管在热水浴中加热 15 min，再在石棉网上加热 3～5 min，然后小心倾入 20 mL 冷水中，并用玻璃棒搅拌，观察现象。

注意：硝基化合物有毒，使用时要注意安全。若出现油珠为一硝基物，无固体析出则没有反应，均需重做。实验完毕，废液倒入指定回收瓶中。

5.2.3 磺化作用

在一干燥的试管中加入 1 mL 发烟硫酸，再加入 5 滴苯，摇动试管，观察现象。

5.2.4 傅-克烃基化作用

在一干燥的试管中加入 2 mL 氯仿和 3 滴无水苯，摇匀。斜执试管，使管壁润湿，沿管壁加入少许无水三氯化铝，使一部分粉末沾在管壁上，观察沾在管壁上的粉末和溶液的颜色。

一般烷烃及不活泼芳烃无反应，不显色；而活泼芳烃化合物与本试剂反应后，产生各种不同颜色的碳正离子。

5.2.5 苯的稳定性

在试管中加入 0.5%高锰酸钾溶液和 10%碳酸钠溶液各 10 滴，再加入 5 滴苯，充分振动，观察现象。

5.3　卤代烃的鉴定

不同的卤化银沉淀颜色不同：氯化银为白色，溴化银为浅黄色，碘化银为黄色。不同的卤代烃在该反应中的速率不同。一般来讲，具有相同烃基结构的卤代烃，反应活性次序是 RI＞RBr＞RCl。而卤原子相同，烃基结构不同时，反应活性次序是苯甲型、烯丙型＞三级＞二级＞一级＞苯型、乙烯型。综合考虑，苯甲基型、烯丙型卤代烃与硝酸银的醇溶液反应最迅速，碘代烷和三级卤代烃在室温下可与硝酸银的醇溶液反应生成卤化银沉淀。一级、二级溴代烷和氯代烷则需要温热几分钟才能生成卤化银沉淀。苯型、乙烯型、偕二卤代烃和偕三卤代烃不与硝酸银醇溶液反应。因此，可以根据卤化银沉淀的颜色和它们生成的快慢来鉴别卤代烃。

硝酸银-乙醇溶液检验卤代烃：在试管[1]里加入 1.0 mL 2%的硝酸银-乙醇溶液，加入 2 滴卤代烃样品，观察反应现象。若在 5 min 内仍无沉淀产生，则水浴加热至沸。如有沉淀，再加入 2 滴 5%的硝酸，沉淀不溶，实验为阳性[2]。

注释：

[1]试管必须洁净、干燥。

[2]卤化银不溶于稀硝酸，有机酸银盐可溶于稀硝酸。

5.4　醇、酚的鉴定

醇和酚的结构中都含有羟基，但醇中的羟基与烃基相连，酚中羟基与芳环直接相连，因此它们的化学性质有很多不相同的地方。羟基是醇的官能团，O—H 键和 C—O 键容易断裂发生化学反应；同时，α-H 和 β-H 有一定的活性，使得醇能发生氧化反应、消除反应等；而邻多元醇除了具有一般醇的化学性质，由于它们分子中相邻羟基的相互影响，具有一些特殊的性质，如甘油能与氢氧化铜作用。

酚类化合物分子中含有羟基，O—H 键易发生断裂，在水溶液中能电离出少量氢离子，使酚溶液显示弱酸性，因此能和氢氧化钠反应生成苯酚钠。苯酚的酸性比碳酸弱，因此苯酚钠能和碳酸反应生成苯酚。酚羟基受苯环上大 π 键的影响，使得 C—OH 键显示一定的活性，易发生氧化反应，加入高锰酸钾后，酚可被氧化为醌。而苯环也受—OH 的影响，使得苯环上氢的活性增强，易发生取代反应。具有酚羟基的化合物，通常与三氯化铁提供的三价铁离子形成有色的配位化合物而显色。

5.4.1　醇的性质

1. 比较醇的同系物在水中的溶解度

在 4 支试管中各加入 2 mL 水，然后分别滴加甲醇、乙醇、丁醇各 10 滴，振摇。

2. 醇与 Lucas 试剂的作用

在 3 支干燥的试管中分别加入 0.5 mL 正丁醇、仲丁醇、叔丁醇，每支试管中各加入 2 mL Lucas 试剂，立即用塞子将管口塞住，充分振荡后静置，温度最好保持在 26～27 ℃，观察混合物的变化。

立即出现白色浑浊的为叔丁醇，放置水浴中温热数分钟后有少量浑浊的为仲丁醇，无明显现象的为正丁醇。

3. 醇的氧化

向盛有 1 mL 乙醇的试管中滴加 1％高锰酸钾溶液 2 滴，充分振荡后将试管置于水浴中微热，观察溶液颜色的变化。伯醇和仲醇呈阳性反应，溶液的紫红色褪去；叔醇不反应，溶液保持紫红色。

4. 多元醇与氢氧化铜的作用

用 6 mL 5％氢氧化钠及 10 滴 10％硫酸铜溶液，配制成新鲜的氢氧化铜，取 5 滴多元醇样品（甘油）滴入新鲜的氢氧化铜中，记录观察到的现象。沉淀溶解形成绛蓝色溶液的为阳性反应。

5.4.2 酚的性质

1. 苯酚的酸性

在试管中盛放 6 mL 苯酚的饱和水溶液，用玻璃棒蘸取一滴于 pH 试纸上，试验其酸性。将上述苯酚饱和水溶液一分为二，一份作为空白对照，另一份中逐滴滴入 5％氢氧化钠溶液，边加边振荡，直至溶液呈清亮为止，通入二氧化碳至呈酸性。

2. 苯酚的氧化

取 3 mL 苯酚的饱和水溶液置于试管中，加 0.5 mL 5％碳酸钠及 1 mL 0.5％高锰酸钾溶液，边加边振荡，观察现象。

3. 苯酚与氯化铁作用

取苯酚的饱和水溶液 2 滴放入试管中，加入 2 mL 水，并逐滴滴入 1％氯化铁溶液，观察颜色的变化。

5.5 醛、酮的鉴定

5.5.1 原理

醛和酮分子中含有相同的官能团（羰基），因此，醛和酮有很多共同的化学反应，如均可与 2,4-二硝基苯肼反应生成黄色、橙色或橙红色的 2,4-二硝基苯腙沉淀，凡具有端甲基结构的醛、酮或醇都能发生碘仿反应等；但它们也有不同的特性，如醛容易被弱氧化剂 Tollens 试剂氧化发生银镜反应而酮不能，Fehling 试剂或 Benedict 试剂则只能用来鉴别脂肪醛和芳香醛。

（1）醛和酮都含有羰基，可与苯肼、2,4-二硝基苯肼、亚硫酸氢钠、羟胺、氨基脲等羰基试剂发生亲核加成反应，所得产物经适当处理可得到原来的醛或酮。这些反应可用来分离、提纯和鉴别醛、酮。

（2）鉴于醛比酮易被氧化的性质，选用适当的氧化试剂可以区别。区别醛、酮的一种灵敏的试剂是 Tollens 试剂，它是银氨络离子的碱性水溶液。反应时醛被氧化成酸，银离子被还原成银附着在试管壁上，故 Tollens 试验又称银镜反应。

$$RCHO+2Ag(NH_3)_2+OH^- \longrightarrow 2Ag\downarrow+RCO_2NH_4+H_2O+3NH_3$$

铬酸试验也可用来区别醛、酮。铬酸在室温下很容易将醛氧化为相应的羧酸，溶液由橘黄色变成绿色，酮在类似条件下不发生反应。

$$3RCHO+H_2Cr_2O_7+3H_2SO_4 \rightarrow 3RCO_2H+Cr_2(SO_4)_3+4H_2O$$

由于伯醇和仲醇也能被铬酸氧化，因此铬酸试验不是鉴别醛的特征反应，只有通过用 2,4-二硝基苯肼鉴别出羰基后，才能用此法进一步区别醛和酮。

(3)一个鉴别甲基酮的简便方法是次碘酸钠试验。凡是有 $CH_3\overset{\overset{O}{\|}}{C}—$基团或$CH_3\underset{\underset{OH}{|}}{C}H—$基团的化合物均能与次碘酸钠作用生成黄色的碘仿沉淀。

$$RCOCH_3+3NaIO \rightarrow RCOCI_3+3NaOH$$

$$RCOCI_3+NaOH \rightarrow RCOONa+CHI_3(黄)\downarrow$$

(4)Fehling 试剂是由等体积的硫酸铜溶液(Fehling Ⅰ)和酒石酸钾钠的氢氧化钠溶液(Fehling Ⅱ)组成的。醛跟氢氧化铜反应(也称斐林反应)：氢氧化铜的碱溶液能把脂肪醛氧化为羧酸，同时氢氧化铜被还原为红色的氧化亚铜沉淀。这也是检验醛基的一种方法。

$$CuSO_4+2NaOH \rightarrow Cu(OH)_2\downarrow+Na_2SO_4$$

$$CH_3CHO+2Cu(OH)_2 \xrightarrow{\triangle} CH_3COOH+Cu_2O\downarrow+2H_2O$$

(5)醛、酮能与亚硫酸氢钠溶液反应，生成 α-羟基磺酸钠沉淀。

$$NaHSO_3+\underset{R'(H)}{\overset{R}{\diagdown}}C=O \longrightarrow \underset{R(H)}{\overset{R}{}}C\overset{OH}{\underset{SO_3Na}{}}\downarrow$$

5.5.2　实验方法

1. 2,4-二硝基苯肼试验

取 3 支干燥洁净的试管，各加入 1 mL 2,4-二硝基苯肼，再依次加入 1～2 滴试样(①乙醛、②丙酮、③苯乙酮溶液)，摇匀静置片刻，观察结晶颜色。若无沉淀，则于水浴中加热，有橙黄色或橙红色沉淀生成，表明样品是醛或酮。

2. Tollens 试验

取 4 支洁净的试管，都加入 2 mL 5%硝酸银，不断振荡下逐滴加入浓氨水，开始时生成棕色沉淀，继续加入浓氨水至刚好溶解，再分别加入 2 滴试样，摇匀，静置，若无变化，50～60 ℃水浴温热几分钟，观察现象，若有银镜生成则表明试样为醛。

试样：(1)甲醛水溶液；(2)乙醛水溶液；(3)丙酮；(4)苯甲醛。

3. 醛、酮 a-H 活泼性：碘仿试验

取 4 支洁净的试管，分别加入 1 mL 蒸馏水和 3～4 滴试样，再加入 1 mL 10%氢氧化钠溶液，滴加碘-碘化钾溶液至溶液呈浅黄色，继续振荡至浅黄色消失，析出浅黄色沉淀。若无沉淀,则放在 50~60 ℃水浴中微热几分钟(可补加碘-碘化钾溶液),观察结果,若有浅黄色沉淀生成且有碘仿的特殊气味逸出则为阳性反应。

试样:(1)乙醛;(2)正丁醛;(3)丙酮;(4)乙醇。

4. Fehling 试验

取 4 支洁净的试管,加入 Fehling Ⅰ和Ⅱ各 0.5 mL,然后分别加入 3~4 滴试样,振荡,水浴加热,若有砖红色沉淀生成则表明样品为脂肪醛类化合物。

试样:(1)甲醛水溶液;(2)乙醛水溶液;(3)丙酮;(4)苯甲醛。

5. 与饱和亚硫酸氢钠溶液反应

取 4 支洁净的试管,加入 2 mL 新配制的饱和亚硫酸氢钠溶液,分别滴加 1 mL 试样,振荡,置于冰水中冷却数分钟,若有结晶析出,表明试样为醛、甲基酮或 8 个碳以内的环酮,观察沉淀析出的相对速度。

试样:(1)甲醛水溶液;(2)乙醛水溶液;(3)丙酮;(4)苯甲醛。

6. Schiff 试验

在 4 支试管中加入 1 mL 品红醛试剂(Schiff 试剂),然后分别滴加 2 滴试样,振荡摇匀,观察现象。若显紫红色,表明样品是醛。取此紫红色溶液 1 滴于另一试管中,再加入原试样 4 滴,然后加入 4 滴浓 H_2SO_4,摇动,紫红色不褪且略有加深者为甲醛,紫红色褪去者为其他的醛。

试样:(1)甲醛;(2)乙醛;(3)丙酮;(4)苯甲醛。

5.6 羧酸及其衍生物的鉴定

羧酸最典型的化学性质是具有酸性,其酸性比碳酸强,故羧酸不仅溶于氢氧化钠溶液,而且也溶于碳酸氢钠溶液。饱和一元羧酸中,以甲酸酸性最强,而低级饱和二元羧酸的酸性又比一元羧酸强。羧酸能与碱作用生成盐,与醇作用生成酯。甲酸和草酸还具有较强的还原性,甲酸能发生银镜反应,但不与 Fehling 试剂反应。草酸能被高锰酸钾氧化,此反应用于定量分析。羧酸衍生物都含有酰基结构,具有相似的化学性质。在一定条件下,羧酸衍生物都能发生水解、醇解、氨解反应,其活泼性为:酰卤>酸酐>酯>酰胺。

乙酰乙酸乙酯是 β-酮酸酯,分子中含有活泼的亚甲基,在水中能发生酮式-烯醇式互变,两种异构体处于动态平衡中。在平衡体系中,加入氯化铁,烯醇式与氯化铁作用生成紫红色配合物;再加入溴水溶液,溴与烯醇式中C═C双键发生加成反应,烯醇式结构消失,紫红色消失;片刻后通过动态平衡,产生新的烯醇式异构体,紫红色又重新出现。

5.6.1 羧酸的性质

1. 酸性的试验

将甲酸、乙酸各 5 滴及草酸 0.2 g 分别溶于 2 mL 水中,然后用洗净的玻璃棒分别蘸取相应的酸液在同一条刚果红试纸上画线,比较各线条的颜色和深浅程度。

2. 成盐反应

在 1 mL 乙醇溶液中加几滴或几粒待测样品，使其溶解，并将其缓慢加入 1 mL $NaHCO_3$ 饱和溶液中，若有 CO_2 气体放出，说明有羧酸存在。

3. 加热分解作用

将甲酸和冰醋酸各 1 mL 及草酸 1 g 分别放入 3 支带导管的小试管中，导管的末端分别伸入 3 支各自盛有 1～2 mL 石灰水的试管中(导管要插入石灰水中)。加热试样，当有连续气泡发生时观察现象。

4. 氧化作用

在 3 支试管中分别加入 0.5 mL 甲酸、乙酸以及由 0.2 g 草酸和 1 mL 水所配成的溶液，然后分别加入 1 mL 稀硫酸(1∶5)和 2～3 mL 0.5％的高锰酸钾溶液，加热至沸，观察现象，比较反应速率。

5. 成酯反应

在一干燥的试管中加入 1 mL 无水乙醇和 1 mL 冰醋酸，再加入 0.2 mL 浓硫酸，振荡均匀后浸在 60～70 ℃的热水浴中约 10 min，然后将试管浸入冷水中冷却，最后向试管内加入 5 mL 水。这时试管中有酯层析出并浮于液面上，注意所生成的酯的气味。

5.6.2 酰氯和酸酐的性质

1. 水解作用

在试管中加入 2 mL 蒸馏水，再加入数滴乙酰氯，观察现象。反应结束后在溶液中滴加数滴 2％的硝酸银溶液，观察现象。

2. 醇解作用

在一干燥的小试管中放入 1 mL 无水乙醇，慢慢滴加 1 mL 乙酰氯，同时用冷水冷却试管并不断振荡。反应结束后先加入 1 mL 水，然后小心地用 20％碳酸钠溶液中和反应液使之呈中性，即有一酯层浮于液面上。如果没有酯层浮起，可在溶液中加入粉状的氯化钠至溶液饱和为止，观察现象并闻其气味。

3. 氨解作用

在一干燥的小试管中放入 5 滴新蒸馏过的淡黄色苯胺，然后慢慢滴加 8 滴乙酰氯，待反应结束后再加入 5 mL 水并用玻璃棒搅匀，观察现象。

用乙酸酐代替乙酰氯重复做上述三个实验，反应较乙酰氯难进行，需要在热水浴加热的情况下，较长时间才能完成上述反应。

5.6.3 酰胺的水解作用

1. 碱性水解

取 0.1 g 乙酰胺和 1 mL 20％氢氧化钠溶液一起放入一小试管中，混合均匀并用小火加热至沸，用湿润的红色石蕊试纸在试管口检验所产生的气体的性质。

2. 酸性水解

取 0.1 g 乙酰胺和 2 mL 10%硫酸一起放入一小试管中，混合均匀，沸水浴加热沸腾 2 min，注意有醋酸味产生。放冷并加入 20%氢氧化钠溶液至反应液呈碱性，再次加热，用湿润的红色石蕊试纸检验所产生气体的性质。

5.6.4 酯的性质

1. 羟肟酸铁试验

初步试验：将 1 滴未知液体或几粒未知固体溶于 1 mL 95%乙醇，加入 1 mL 1 mol/L 的盐酸及 1 滴 5%氯化铁溶液，溶液应为黄色，如有橙、红、蓝、紫等颜色出现，不能进行此试验。

试管中混合 1 mL 0.5 mol/L 盐酸羟胺的乙醇溶液、0.2 mL 6 mol/L 氢氧化钠溶液和两滴液体样品或 40～50 mg 固体样品，将溶液煮沸，稍冷后加入 2 mL 1 mol/L 的盐酸，如溶液浑浊，加入约 2 mL 乙醇使其变清。然后加入 1 滴 5%氯化铁溶液，如产生的颜色很快褪去，继续滴加氯化铁溶液至溶液颜色不变。如溶液为深的洋红色表示有酯基存在。

$$R-C(=O)-OR' \xrightarrow{NH_2OH} R'-OH + R-C(=O)-NH-OH \xrightarrow{FeCl_3} \left[R-C(=O\rightarrow)-NH-O-\right]_3 Fe^{3+} + 3HCl$$

2. 酯的碱性水解

将 1 mL 乙酸乙酯加入盛有 10 mL 25%氢氧化钠水溶液的小烧瓶中，加入沸石，装上冷凝管，回流 30 min。观察油层是否消失，以及气味是否消失。

5.7 胺的鉴定

5.7.1 原理

脂肪胺易溶于水，芳香胺溶解度甚小或不溶。胺遇无机酸生成相应的铵盐而溶于水，强碱又使胺重新游离出来。

$$C_6H_5-NH_2 + H_2SO_4 \longrightarrow C_6H_5-\overset{+}{N}H_3HSO_4^- \xrightarrow{NaOH} C_6H_5-NH_2$$

伯胺、仲胺或叔胺在碱性介质中与苯磺酰氯反应，现象不同，可以区别伯胺、仲胺、叔胺。

$$\left.\begin{matrix} RNH_2 \\ R_2NH \\ R_3N \end{matrix}\right\} \xrightarrow[NaOH(过量)]{C_6H_5SO_2Cl} \left.\begin{matrix} [RNSO_2C_6H_5]^- Na^+ \\ (溶于\ NaOH) \\ R_2NSO_2C_6H_5(沉淀) \\ R_3N(油状，不反应) \end{matrix}\right\} \xrightarrow{HCl\ 酸化} \begin{matrix} RNHSO_2C_6H_5(白色沉淀) \\ R_2NSO_2C_6H_5(沉淀不变) \\ [R_3NH]^+Cl^-(溶于水) \end{matrix}$$

伯胺、仲胺或叔胺与亚硝酸反应，现象不同，可以区别伯胺、仲胺、叔胺。

$$RNH_2 + HNO_2 \xrightarrow[0\sim5\ ^\circ C]{H_2SO_4} \underset{不稳定}{RN_2^+} \longrightarrow R^+ + N_2 \xrightarrow{H_2O} ROH + H^+$$

$$ArNH_2 + HNO_2 \xrightarrow[0\sim5\ ℃]{H_2SO_4} ArN_2^+ \xrightarrow{\beta\text{-萘酚}} Ar—N{=}N—(\text{2-羟基-1-萘基})\ (\text{红色沉淀})$$

$$ArNHR + HNO_2 \xrightarrow[0\sim5\ ℃]{H_2SO_4} Ar—N(R)—NO\ (\text{黄色固体或油状物，遇碱不变色})$$

$$C_6H_5—NR_2 + HNO_2 \xrightarrow[0\sim5\ ℃]{H_2SO_4} \left[R_2\overset{+}{N}H—C_6H_4—NO\right]HSO_4^- \xrightarrow{NaOH} R_2N—C_6H_4—NO$$

（黄色固体或油状物）　　　　（绿色固体）

5.7.2 实验方法

1. 胺的碱性

试管中加入 3～4 滴样品，摇动下逐渐滴入 1.5 mL 水，加热，观察溶解情况。若不溶解，慢慢滴加 10%硫酸至溶解，再逐渐滴加 10%氢氧化钠溶液，观察现象。

2. Hinsberg 试验

试管中加入 0.5 mL 样品、2.5 mL 10%氢氧化钠溶液和 0.5 mL 苯磺酰氯，塞好塞子，用力摇振 3～5 min。以手触摸试管底部，看是否发热。取下塞子，在不高于 70 ℃的水浴中加热并摇振 1 min，冷却后用试纸检验，若不呈碱性，滴加 10%氢氧化钠溶液至呈碱性，观察现象。加入 6 mol/L 的盐酸酸化后有何现象？

3. 亚硝酸试验

试管Ⅰ中加入 3 滴样品和 2 mL 30%硫酸溶液，混匀。试管Ⅱ中加入 2 mL 10%亚硝酸钠溶液。试管Ⅲ中加入 4 mL 10%氢氧化钠溶液和 0.2 g β-萘酚。以上 3 支试管都放在冰盐浴中冷却至 0～5 ℃，然后将Ⅱ中的溶液倒入Ⅰ中，振荡并维持温度不高于 5 ℃，观察现象。若无现象，将试管Ⅲ中的溶液逐滴滴入其中，观察现象。若溶液中有黄色固体或油状物析出，则用 10%氢氧化钠溶液中和至呈碱性，观察现象。

5.8 糖的鉴定

糖经浓无机酸处理，脱水产生糠醛或糠醛衍生物，戊糖形成糠醛，已糖则形成羟甲基糠醛。这些糠醛和糖醛衍生物在浓无机酸作用下，能与酚类化合物缩合生成有色物质；与一元酚如 α-萘酚作用，形成三芳香环甲基有色物质；与多元酚如间苯二酚作用，则形成氧杂蒽有色物质。

通常使用的无机酸为硫酸，如用盐酸，则必须加热。常用的酚类为 α-萘酚、甲基苯二酚、间苯二酚和间苯三酚等，有时也用芳香胺、胆酸、某些吲哚衍生物和一些嘧啶类化合物等。

5.8.1 糖的呈色反应

1. Molish 反应(α-酚反应)

本实验是鉴定糖类最常用的颜色反应。糖在浓酸作用下形成的糠醛及其衍生物与α-萘酚作用,形成红紫色复合物,在糖溶液与浓硫酸两液面间出现紫环,因此又称紫环反应。自由存在和结合存在的糖均呈阳性反应。此外,各种糠醛衍生物、葡萄糖醛酸、丙酮、甲酸、乳酸等皆呈颜色近似的阳性反应。因此,阴性反应证明没有糖类物质的存在;而阳性反应则说明有糖存在的可能性,需要进一步通过其他糖的定性试验才能确定。

实验方法如下:

在试管中加入待测液 1 mL(约 15 滴),再加入 2 滴 10% Molish 试剂,摇匀。将试管倾斜,沿管壁慢慢加入 1 mL 浓硫酸,然后小心竖直试管,使糖液和硫酸清楚地分为两层,观察交界处颜色变化。如几分钟内无呈色反应,可在热水浴中温热几分钟,若交界处出现紫色环,表明溶液中含有糖类化合物。

2. 蒽酮反应

糖经浓酸水解,脱水生成的糠醛及其衍生物与蒽酮(10-酮-9,10-二氢蒽)反应生成蓝绿色复合物。

实验方法如下:

在试管中加入 1 mL 蒽酮溶液,再加入几滴待测液,混匀,观察颜色变化,鉴定未知糖液。

3. Seliwanoff 反应(间苯二酚反应)

该反应是鉴定酮糖的特殊反应。在酸作用下,己酮糖脱水生成羟甲基糠醛。后者与间苯二酚结合生成鲜红色的化合物,反应迅速,仅需 20~30 s。在同样条件下,醛糖形成羟甲基糠醛较慢,只有糖浓度较高或需要较长时间的煮沸,才给出微弱的阳性反应。蔗糖被盐酸水解生成的果糖也能给出阳性反应。

实验方法如下:

在试管中加入 1 mL Seliwanoff 试剂,再加入测试液 4 滴,混匀,放入沸水浴中,观察颜色的变化。

5.8.2 还原糖的鉴定

含有自由醛基(—CHO)或酮基($\rangle C{=}O$)的单糖和二糖为还原糖。在碱性溶液中,还原糖能将金属(铜、铋、汞、银等)离子还原,糖本身被氧化成酸类化合物。此性质常用于检验糖的还原性,并且常成为测定还原糖含量的各种方法的依据。

1. Fehling 反应

Fehling 试剂是含有硫酸铜与酒石酸钾钠的氢氧化钠溶液。硫酸铜与碱溶液混合加热,则生成黑色的氧化铜沉淀,若同时有还原糖存在,则产生黄色或砖红色的氧化亚铜沉淀。在碱性条件下,糖不仅发生烯醇化、异构化等作用,也能发生糖分子的分解、氧化、还原或多聚作用等。由这些作用所形成的复杂混合物具有强烈的还原作用,因此企图用简单的氧化还原作用来写出反应平衡式是不可能的。

为了防止铜离子和碱反应生成氢氧化铜或碱性碳酸铜沉淀，Fehling 试剂中可加入酒石酸钾钠，它与铜离子形成的酒石酸钾钠络合铜离子是可溶性的络离子，该反应是可逆的。平衡后溶液中保持一定浓度的氢氧化铜。Fehling 试剂是一种弱的氧化剂，它不与酮和芳香醛发生反应。

实验方法如下：

在试管中加入 1 mL Fehling 试剂 A 和 B，摇匀后，加入测试液 4 滴，沸水浴煮 2～3 min，取出冷却，观察沉淀和颜色的变化。

2. Benedict 反应

Benedict 试剂是 Fehling 试剂的改良。它利用柠檬酸作为铜离子的络合剂，其碱性比 Fehling 试剂弱，灵敏度高，干扰因素少，因而在实际应用中有更多的优点。

实验方法如下：

在试管中加入 2 mL Benedict 试剂，再加入测试液 4 滴，沸水浴中煮 2～3 min，冷却后观察颜色变化。

注意事项：

(1) Molisch 反应非常灵敏，0.001%葡萄糖和 0.0001%蔗糖即能呈现阳性反应。因此，不可使碎纸屑或滤纸毛混入样品中。过浓的果糖溶液，由于硫酸对它的焦化作用，将呈现红色及褐色而不呈紫色，需稀释糖溶液后重做。

(2) 果糖在 Seliwanoff 试剂中反应十分迅速，呈鲜红色，而葡萄糖所需时间长，且只能呈现黄色至淡红色。戊糖亦与 Seliwanoff 试剂反应，戊糖经酸脱水生成糠醛，与间苯二酚缩合，生成的产物为绿色到蓝色。

(3) 酮基本身并没有还原性，只有在变为烯醇式后，才显示还原作用。

(4) 在糖的还原作用下生成氧化亚铜沉淀的颜色决定于颗粒的大小，氧化亚铜颗粒的大小又取决于于反应速率。反应速率快时，生成的氧化亚铜颗粒较小，呈黄绿色；反应慢时，生成的氧化亚铜颗粒较大，呈红色。有保护胶体存在时，常生成黄色沉淀。实际生成的沉淀含有大小不同的氧化亚铜颗粒，因而每次观察到的颜色可能略有不同。溶液中还原糖的浓度可以从生成沉淀的多少来估计，而不能依据沉淀的颜色来区别。

5.9 有机化合物的鉴定与混合物分离

5.9.1 实验目的

1. 考查灵活利用有机化学理论知识、实验知识和手册等，正确拟定各组分的分离、纯化和鉴定方案的综合实验设计能力。

2. 考查分离、纯化和鉴定等基本操作以及分析问题和解决问题的能力。

3. 考查对实验结果、数据、图谱的分析处理能力以及实验总结和报告的书写能力。

5.9.2 实验原理

1. 有机物的鉴定

利用各类有机物的特征反应，设计合理的方案进行鉴定。

2. 混合样的分离

混合物的分离、纯化和鉴定是有机化学实验最基本的操作，几乎所有类型的有机化学实验离不开分离、纯化和鉴定工作。不同来源的混合物，其组成千差万别，不可能有统一的普适性模式，但分离纯化的依据都是根据混合物中各组分物理性质或化学性质的差异。常利用的物理性质包括物态、沸点、熔点、蒸气压、溶解度、分配系数、极性等，而最常利用的化学性质则是酸碱性。常用的分离纯化方法有蒸馏、重结晶、升华、萃取和层析等。事实上许多合物的分离比较复杂，如天然产物、配方产品等，需要用到多项操作技能。分离前必须详细了解样品的来源和背景知识，通过反复预实验，大体了解混合物中各组分的性质，才能拟定出切实可行的分离纯化方案。

5.9.3 主要仪器与试剂

1. 器材

烧杯 500 mL，试管 15 cm，试管架，长滴管，量筒(10 mL)。

2. 药品

待鉴定未知样为乙酰乙酸乙酯、乙酸、苯酚、苯甲醛、丙酮、正丁醇、仲丁醇、丁醛、丙三醇、葡萄糖。

待分离混合样含有硝、苯酚、苯甲酸、环己醇、甲苯。

可选用试剂：5% α-萘酚溶液，5%碳酸氢钠溶液，溴水饱和溶液，1%氯化铁溶液，浓氨水，10%氢氧化钠溶液，碘液，2,4-二硝基苯肼溶液，5%高锰酸钾溶液，2%硝酸银溶液，Fehling 试剂 A 和 B。

3. 其他

碘化钾-淀粉试纸，刚果红试纸。

5.9.4 实验部分

1. 设计方案：要求方案合理，试剂普通、无毒，操作简单，不烦琐，符合环保要求，现象明显，可操作性强，区分度好。
2. 鉴定：根据设计方案进行性质实验。
3. 分离：分离混合样各组分并纯化、鉴定。
4. 分析：根据现象给出实验结果。
5. 报告：要求包括实验目的、实验步骤、实验结果，并讨论分析实验中出现的问题、实验中的特殊现象、实验操作的成败、实验的关键点等，回答思考题，得出实验结论或提出自己的看法等。

附　录

附录A　元素周期表

原子序数 — 92 U — 元素符号

元素名称 注＊的是人造元素 — 铀

$5f^3 6d^1 7s^2$ — 外围电子层排布，括号指可能的电子层排布

238.0 — 相对原子质量（加括号的数据为该放射性元素半衰期最长同位素的质量数）

非金属　金　属　过渡元素

周期＼族	IA 1	IIA 2	IIIB 3	IVB 4	VB 5	VIB 6	VIIB 7	VIII 8	VIII 9	VIII 10	IB 11	IIB 12	IIIA 13	IVA 14	VA 15	VIA 16	VIIA 17	0 18	电子层	0族电子数
1	1 H 氢 $1s^1$ 1.008																	2 He 氦 $1s^2$ 4.003	K	2
2	3 Li 锂 $2s^1$ 6.941	4 Be 铍 $2s^2$ 9.012											5 B 硼 $2s^2 2p^1$ 10.81	6 C 碳 $2s^2 2p^2$ 12.01	7 N 氮 $2s^2 2p^3$ 14.01	8 O 氧 $2s^2 2p^4$ 16.00	9 F 氟 $2s^2 2p^5$ 19.00	10 Ne 氖 $2s^2 2p^6$ 20.18	L K	8 2
3	11 Na 钠 $3s^1$ 22.99	12 Mg 镁 $3s^2$ 24.31											13 Al 铝 $3s^2 3p^1$ 26.98	14 Si 硅 $3s^2 3p^2$ 28.09	15 P 磷 $3s^2 3p^3$ 30.97	16 S 硫 $3s^2 3p^4$ 32.06	17 Cl 氯 $3s^2 3p^5$ 35.45	18 Ar 氩 $3s^2 3p^6$ 39.95	M L K	8 8 2
4	19 K 钾 $4s^1$ 39.10	20 Ca 钙 $4s^2$ 40.08	21 Sc 钪 $3d^1 4s^2$ 44.96	22 Ti 钛 $3d^2 4s^2$ 47.87	23 V 钒 $3d^3 4s^2$ 50.94	24 Cr 铬 $3d^5 4s^1$ 52.00	25 Mn 锰 $3d^5 4s^2$ 54.94	26 Fe 铁 $3d^6 4s^2$ 55.85	27 Co 钴 $3d^7 4s^2$ 58.93	28 Ni 镍 $3d^8 4s^2$ 58.69	29 Cu 铜 $3d^{10} 4s^1$ 63.55	30 Zn 锌 $3d^{10} 4s^2$ 65.41	31 Ga 镓 $4s^2 4p^1$ 69.72	32 Ge 锗 $4s^2 4p^2$ 72.64	33 As 砷 $4s^2 4p^3$ 74.92	34 Se 硒 $4s^2 4p^4$ 78.96	35 Br 溴 $4s^2 4p^5$ 79.90	36 Kr 氪 $4s^2 4p^6$ 83.80	N M L K	8 18 8 2
5	37 Rb 铷 $5s^1$ 85.47	38 Sr 锶 $5s^2$ 87.62	39 Y 钇 $4d^1 5s^2$ 88.91	40 Zr 锆 $4d^2 5s^2$ 91.22	41 Nb 铌 $4d^4 5s^1$ 92.91	42 Mo 钼 $4d^5 5s^1$ 95.94	43 Tc 锝 $4d^5 5s^2$ [98]	44 Ru 钌 $4d^7 5s^1$ 101.1	45 Rh 铑 $4d^8 5s^1$ 102.9	46 Pd 钯 $4d^{10}$ 106.4	47 Ag 银 $4d^{10} 5s^1$ 107.9	48 Cd 镉 $4d^{10} 5s^2$ 112.4	49 In 铟 $5s^2 5p^1$ 114.8	50 Sn 锡 $5s^2 5p^2$ 118.7	51 Sb 锑 $5s^2 5p^3$ 121.8	52 Te 碲 $5s^2 5p^4$ 127.6	53 I 碘 $5s^2 5p^5$ 126.9	54 Xe 氙 $5s^2 5p^6$ 131.3	O N M L K	8 18 18 8 2
6	55 Cs 铯 $6s^1$ 132.9	56 Ba 钡 $6s^2$ 137.3	57~71 La~Lu 镧系	72 Hf 铪 $5d^2 6s^2$ 178.5	73 Ta 钽 $5d^3 6s^2$ 180.9	74 W 钨 $5d^4 6s^2$ 183.8	75 Re 铼 $5d^5 6s^2$ 186.2	76 Os 锇 $5d^6 6s^2$ 190.2	77 Ir 铱 $5d^7 6s^2$ 192.2	78 Pt 铂 $5d^9 6s^1$ 195.1	79 Au 金 $5d^{10} 6s^1$ 197.0	80 Hg 汞 $5d^{10} 6s^2$ 200.6	81 Tl 铊 $6s^2 6p^1$ 204.4	82 Pb 铅 $6s^2 6p^2$ 207.2	83 Bi 铋 $6s^2 6p^3$ 209.0	84 Po 钋 $6s^2 6p^4$ [209]	85 At 砹 $6s^2 6p^5$ [210]	86 Rn 氡 $6s^2 6p^6$ [222]	P O N M L K	8 18 32 18 8 2
7	87 Fr 钫 $7s^1$ [223]	88 Ra 镭 $7s^2$ [226]	89~103 Ac~Lr 锕系	104 Rf 𬬻＊ $(6d^2 7s^2)$ [261]	105 Db 𬭊＊ $(6d^3 7s^2)$ [262]	106 Sg 𬭳＊ [266]	107 Bh 𬭛＊ [264]	108 Hs 𬭶＊ [277]	109 Mt 鿏＊ [268]	110 Ds 𫟼＊ [281]	111 Rg 𬬭＊ [272]	112 Uub ＊ [285]								

镧系	57 La 镧 $5d^1 6s^2$ 138.9	58 Ce 铈 $4f^1 5d^1 6s^2$ 140.1	59 Pr 镨 $4f^3 6s^2$ 140.9	60 Nd 钕 $4f^4 6s^2$ 144.2	61 Pm 钷 $4f^5 6s^2$ [145]	62 Sm 钐 $4f^6 6s^2$ 150.4	63 Eu 铕 $4f^7 6s^2$ 152.0	64 Gd 钆 $4f^7 5d^1 6s^2$ 157.3	65 Tb 铽 $4f^9 6s^2$ 158.9	66 Dy 镝 $4f^{10} 6s^2$ 162.5	67 Ho 钬 $4f^{11} 6s^2$ 164.9	68 Er 铒 $4f^{12} 6s^2$ 167.3	69 Tm 铥 $4f^{13} 6s^2$ 168.9	70 Yb 镱 $4f^{14} 6s^2$ 173.0	71 Lu 镥 $4f^{14} 5d^1 6s^2$ 175.0
锕系	89 Ac 锕 $6d^1 7s^2$ [227]	90 Th 钍 $6d^2 7s^2$ 232.0	91 Pa 镤 $5f^2 6d^1 7s^2$ 231.0	92 U 铀 $5f^3 6d^1 7s^2$ 238.0	93 Np 镎 $5f^4 6d^1 7s^2$ [237]	94 Pu 钚 $5f^6 7s^2$ [244]	95 Am 镅＊ $5f^7 7s^2$ [243]	96 Cm 锔＊ $5f^7 6d^1 7s^2$ [247]	97 Bk 锫＊ $5f^9 7s^2$ [247]	98 Cf 锎＊ $5f^{10} 7s^2$ [251]	99 Es 锿＊ $5f^{11} 7s^2$ [252]	100 Fm 镄＊ $5f^{12} 7s^2$ [257]	101 Md 钔＊ $(5f^{13} 7s^2)$ [258]	102 No 锘＊ $(5f^{14} 7s^2)$ [259]	103 Lr 铹＊ $(5f^{14} 6d^1 7s^2)$ [262]

注：相对原子质量录自2001年国际原子量表，并全部取4位有效数字。

附录 B　乙醇溶液的相对密度和组成

体积分数/%	质量分数/%	相对密度	体积分数/%	质量分数/%	相对密度	体积分数/%	质量分数/%	相对密度
0	0.00	0.99823	34	28.04	0.95704	68	60.27	0.89044
1	0.79	0.99675	35	28.91	0.95536	69	61.33	0.88799
2	1.59	0.99529	36	29.78	0.95419	70	62.31	0.88551
3	2.38	0.99385	37	30.65	0.95271	71	63.46	0.88302
4	3.18	0.99244	38	31.53	0.95119	72	64.54	0.88051
5	3.98	0.99106	39	32.41	0.94964	73	65.63	0.87796
6	4.78	0.98973	40	33.30	0.94806	74	66.72	0.87538
7	5.59	0.98845	41	34.19	0.94644	75	67.83	0.87277
8	6.40	0.98719	42	34.99	0.94479	76	68.94	0.87015
9	7.20	0.98596	43	35.99	0.94308	77	70.06	0.86740
10	8.01	0.98476	44	36.89	0.94134	78	71.19	0.86480
11	8.83	0.98356	45	37.80	0.93956	79	72.33	0.86207
12	9.64	0.98239	46	38.72	0.93775	80	73.48	0.85932
13	10.46	0.98123	47	39.69	0.93591	81	74.64	0.85652
14	11.27	0.98009	48	40.56	0.93404	82	75.81	0.85369
15	12.09	0.97897	49	41.49	0.93213	83	77.00	0.85082
16	12.91	0.97780	50	42.43	0.93019	84	78.19	0.84791
17	13.74	0.97678	51	43.37	0.92822	85	79.40	0.84495
18	14.56	0.98570	52	44.31	0.92621	86	80.62	0.84193
19	15.39	0.97465	53	45.26	0.92418	87	81.86	0.83888
20	16.21	0.97360	54	46.22	0.92212	88	83.11	0.83574
21	17.04	0.97253	55	47.18	0.92003	89	84.38	0.83254
22	17.88	0.97145	56	48.15	0.91790	90	85.66	0.82926
23	18.71	0.97036	57	49.13	0.91576	91	86.97	0.82590
24	19.54	0.96925	58	50.11	0.91358	92	88.29	0.82247
25	20.38	0.96812	59	51.10	0.91138	93	89.63	0.81893
26	21.22	0.96698	60	52.09	0.90916	94	91.09	0.81526
27	22.06	0.96583	61	53.09	0.90691	95	92.41	0.81144
28	22.91	0.96466	62	54.09	0.90462	96	93.84	0.80748
29	23.76	0.96340	63	55.11	0.90231	97	95.30	0.80334
30	24.61	0.96224	64	56.13	0.89999	98	96.81	0.79900
31	25.46	0.96100	65	57.15	0.89764	99	98.38	0.79931
32	26.32	0.95972	66	58.19	0.89526	100	100.00	0.78927
33	27.18	0.95839	67	59.23	0.89286			

赵思明，刘茹.食品工程实验技术[M].北京：科学出版社，2013.

附录 C　水在不同温度下的蒸气压

t/℃	p/mmHg	t/℃	p/mmHg	t/℃	p/mmHg	t/℃	p/mmHg
0	4.579	15	12.788	30	31.824	85	433.600
1	4.926	16	13.634	31	33.695	90	525.760
2	5.294	17	14.530	32	35.663	91	546.050
3	5.685	18	15.477	33	37.729	92	566.990
4	6.101	19	16.477	34	39.898	93	588.600
5	6.543	20	17.535	35	42.175	94	610.900
6	7.013	21	18.650	40	55.324	95	633.900
7	7.513	22	19.827	45	71.880	96	657.620
8	8.045	23	21.068	50	92.510	97	682.070
9	8.609	24	22.377	55	118.040	98	707.270
10	9.209	25	23.756	60	149.380	99	733.240
11	9.844	26	25.209	65	187.540	100	760.000
12	10.518	27	26.739	70	233.700		
13	11.231	28	28.349	75	289.100		
14	11.987	29	30.043	80	355.100		

附录 D　常用酸碱溶液的质量分数和相对密度(d_4^{20})

溶液	质量分数/%	相对密度	溶液	质量分数/%	相对密度
盐酸	10	1.0474	氢氧化钠	10	1.1089
	20	1.0980		20	1.2191
	30	1.1492		40	1.4300
	36	1.1789		50	1.5253
硫酸	10	1.0661	碳酸钠	2	1.0190
	20	1.1394		10	1.1029
	50	1.3951		14	1.1463
	98	1.8361		20	1.2132
硝酸	20	1.1150	碳酸氢钠	2	0.0190
	30	1.1800		6	1.0606
	50	1.3100		10	1.1029
	60	1.3667		20	1.2132

附录E　常用有机溶剂在水中的溶解性

溶剂名称	温度/℃	在水中的溶解性	溶剂名称	温度/℃	在水中的溶解性
庚烷	15.5	0.005%	醋酸戊酯	20.0	0.170%
苯	20.0	0.175%	醋酸乙酯	15.0	8.300%
二甲苯	20.0	0.011%	醋酸异戊酯	20.0	0.170%
甲苯	10.0	0.048%	正丁醇	20.0	7.810%
氯苯	30.0	0.049%	异丁醇	20.0	8.500%
硝基苯	15.0	0.180%	正戊醇	20.0	2.600%
二硫化碳	15.0	0.120%	异戊醇	18.0	2.750%
四氯化碳	15.0	0.077%	乙醚	15.0	7.830%
正己烷	15.5	0.014%	氯仿	20.0	0.810%

附录F　常用有机溶剂的沸点、密度、溶解性、毒性

溶剂	沸点/℃	相对密度 d_4^{20}	溶解性	毒性
液氨	−33.3	0.617	能溶解碱金属和碱土金属	剧毒性、腐蚀性
石油醚			溶于无水乙醇、苯、氯仿、油类等有机溶剂	与低级烷相似
乙醚	34.6	0.713	溶于低碳醇、苯、氯仿、石油醚等，微溶于水	麻醉性
丙酮	56.1	0.789	与水、醇、醚、烃混溶	低毒，类乙醇，但有较大气味
氯仿	61.1	1.483	不溶于水，溶于醇、醚、苯	中等毒性，强麻醉性
甲醇	64.5	0.791	与水、乙醚、醇、酯、卤代烃、苯、酮类及多数有机溶剂混溶	中等毒性，麻醉性
四氢呋喃	66.0	0.889	优良溶剂，溶于水，乙醇、乙醚、丙酮、苯等多数有机溶剂	吸入微毒，经口低毒
己烷	68.7	0.659	甲醇部分溶解，与比乙醇高的醇、醚及丙酮、氯仿混溶	低毒，麻醉性，刺激性
乙酸乙酯	77.1	0.900	微溶于水，溶于醇、酮、氯仿等多数有机溶剂	低毒，麻醉性
乙醇	78.3	0.789	与水，乙醚、氯仿、酯、烃类衍生物等有机溶剂混溶	微毒性，麻醉性
苯	80.1	0.879	难溶于水，易溶于有机溶剂	强烈毒性
环己烷	80.7	0.779	不溶于水，溶于乙醇、乙醚、丙酮、苯等有机溶剂	低毒，中枢抑制作用
乙腈	81.6	0.982	与水混溶，溶于醇等有机溶剂，但是不与饱和烃混溶	中等毒性，大量吸入蒸气引起急性中毒
二氧六环	101.3	1.034	可混溶于水和多数有机溶剂	微毒，强于乙醚2～3倍
甲苯	110.6	0.867	不溶于水，与甲醇、乙醇、氯仿、丙酮、乙醚、冰醋酸、苯等有机溶剂混溶	低毒类，麻醉性
N,N-二甲基甲酰胺	153.0	0.948	与水、醇、醚、酮、不饱和烷烃、芳香烃等混溶，溶解能力强	低毒

续表

溶剂	沸点/℃	相对密度 d_4^{20}	溶解性	毒性
二甲亚砜	189.0	1.100	与水、甲醇、乙醇、乙二醇、甘油、乙醛、丙酮、乙酸乙酯、吡啶、芳烃混溶	微毒，对眼睛有刺激性
乙二醇	197.8	1.113	与水、乙醇、丙酮、乙酸、甘油、吡啶混溶，与氯仿、乙醚、苯、二硫化碳等难溶，与烃类、卤代烃不溶，溶解食盐、氯化锌等无机物	低毒类，可经皮肤吸收中毒
N-甲基吡咯烷酮	202.0	1.028	与水混溶，可以溶解大多无机物、有机物、极性气体、高分子化合物	毒性低，不可内服
甘油	290.0	1.261	与水、乙醇混溶，不溶于乙醚、氯仿、二硫化碳、苯、四氯化碳、石油醚	对人体无毒
二硫化碳	46.2	1.263	微溶于水，与多种有机溶剂混溶	麻醉性，强刺激性
硝基苯	210.9	1.204	几乎不溶于水，与醇、醚、苯等有机物混溶，对有机物溶解能力强	剧毒，可经皮肤吸收

附录 G　常用试剂的配制

1. 2,4-二硝基苯肼溶液

Ⅰ.在 15 mL 浓硫酸中,溶解 3 g 2,4-二硝基苯肼。另在 70 mL 95%乙醇里加 20 mL 水,然后把硫酸苯肼倒入稀乙醇溶液中,搅动混合均匀即成橙红色溶液(若有沉淀应过滤)。2,4-二硝基苯肼浓度较大时,反应产生的沉淀多,便于观察。

Ⅱ.将 1.2 g 2,4-二硝基苯肼溶于 50 mL 30%高氯酸中,配好后储于棕色瓶中,不易变质。由于高氯酸盐在水中溶解度很大,因此便于检验水中的醛,且较稳定,长期储存不易变质。

2. 卢卡斯(Lucas)试剂

将 34 g 无水氯化锌在蒸发皿中强热熔融,稍冷后放在干燥器中冷至室温。取出捣碎,溶于 23 mL 浓盐酸中(比重 1.187)。配制时需加以搅动,并把容器放在冰水浴中冷却,以防氯化氢逸出。此试剂一般临用时配制。

3. 托伦(Tollens)试剂

Ⅰ.取 0.5 mL 10%硝酸银溶液于试管里,滴加氨水,开始出现黑色沉淀,再继续滴加氨水,边滴边摇动试管,滴到沉淀刚好溶解为止,得澄清的银氨溶液,即托伦试剂。

Ⅱ.取一支干净试管,加入 1 mL 5%硝酸银,滴加 2 滴 5%氢氧化钠溶液,产生沉淀,然后滴加 5%氨水,边摇边滴加,直到沉淀消失为止,此为托伦试剂。

Ⅰ法配制的托伦试剂较Ⅱ法的碱性弱,在进行糖类实验时,用Ⅰ法配制的试剂较好。无论Ⅰ法还是Ⅱ法,氨的量都不宜多,否则会影响试剂的灵敏度。

4. 谢里瓦诺夫(Seliwanoff)试剂

将 0.05 g 间苯二酚溶于 50 mL 浓盐酸中,再用蒸馏水稀释至 100 mL。

5. 希夫(Schiff)试剂

在 100 mL 热水中溶解 0.2 g 品红盐酸盐,放置冷却后,加入 2 g 亚硫酸氢钠和 2 mL 浓盐酸,再用蒸馏水稀释至 200 mL。

或先配制 10 mL 二氧化硫的饱和水溶液,冷却后加入 0.2 g 品红盐酸盐,溶解后放置数小时使溶液变成无色或淡黄色,用蒸馏水稀释至 200 mL。

也可将 0.5 g 品红盐酸盐溶于 100 mL 热水中,冷却后用二氧化硫气体饱和至粉红色消失,加入 0.5 g 活性炭,振荡过滤,再用蒸馏水稀释至 500 mL。

希夫试剂应密封贮存在暗冷处,倘若受热或见光,或露置空气中过久,试剂中的二氧化硫易失,结果又显桃红色。遇此情况,应再通入二氧化硫,使颜色消失后使用。但应指出,试剂中过量的二氧化硫愈少,反应就愈灵敏。

6. 0.1%茚三酮溶液

将 0.1 g 茚三酮溶于 124.9 mL 95%乙醇中,现用现配。

7. 饱和亚硫酸氢钠

先配制 40%亚硫酸氢钠水溶液 100 mL,然后加 25 mL 不含醛的无水乙醇,溶液呈透明清亮状。

由于亚硫酸氢钠久置后易分解产生二氧化硫而变质，所以上述溶液也可按下法配制：将研细的碳酸钠晶体($Na_2CO_3 \cdot 10H_2O$)与水混合，水的用量使粉末上只覆盖一薄层水为宜，然后在混合物中通入二氧化硫气体，至碳酸钠近乎完全溶解，或将二氧化硫通入1份碳酸钠与3份水的混合物中，至碳酸钠全部溶解为止。配制好后密封放置，但不可放置太久，最好是现用现配。

8. 饱和溴水

溶解15 g溴化钾于100 mL水中，加入10 g溴，振荡即成。

9. 莫利许(Molish)试剂

将2 g α-萘酚溶于20 mL 95%乙醇中，用95%乙醇稀释至100 mL，贮于棕色瓶中。一般用前配制。

10. 盐酸苯肼-醋酸钠溶液

将5 g盐酸苯肼溶于100 mL水中，必要时可加微热助溶。如果溶液呈深色，加活性炭共热，过滤后加9 g醋酸钠晶体或用相同量的无水醋酸钠，搅拌使之溶解，贮于棕色瓶中。

11. 班氏(Benedict)试剂

将4.3 g研细的硫酸铜溶于25 mL热水中，待冷却后用水稀释至40 mL。另将43 g柠檬酸钠及25 g无水碳酸钠溶于150 mL水中，加热溶解，待溶液冷却后，再加入上面所配的硫酸铜溶液，加水稀释至250 mL，将试剂贮于试剂瓶中，瓶口用橡皮塞塞紧。

12. 淀粉碘化钾试纸

取3 g可溶性淀粉，加入25 mL水，搅匀，倾入225 mL沸水中，再加入1 g碘化钾及1 g结晶硫酸钠，用水稀释至500 mL，将滤纸片(条)浸渍，取出晾干，密封备用。

13. 蛋白质溶液

取新鲜鸡蛋清50 mL，加蒸馏水至100 mL，搅拌溶解。如果浑浊，加入5%氢氧化钠至刚清亮为止。

14. 10%淀粉溶液

将1 g可溶性淀粉溶于5 mL冷蒸馏水中，用力搅成稀浆状，然后倒入94 mL沸水中，即得近于透明的胶体溶液，放冷使用。

15. β-萘酚碱溶液

取4 g β-萘酚，溶于40 mL 5%氢氧化钠溶液中。

16. 斐林(Fehling)试剂

斐林试剂由斐林A试剂和斐林B试剂组成，使用时将两者等体积混合，其配制方法分别是：

斐林A试剂：将3.5 g硫酸铜晶体($CuSO_4 \cdot 5H_2O$)溶于100 mL水中即得淡蓝色的斐林A试剂。

斐林B试剂：将17 g酒石酸钾钠($NaKC_4H_4O_6 \cdot 5H_2O$)溶于20 mL热水中，然后加入20 mL含有5 g氢氧化钠的水溶液，稀释至100 mL，即得无色清亮的斐林B试剂。

17. 碘溶液

Ⅰ.将 20 g 碘化钾溶于 100 mL 蒸馏水中，然后加入 10 g 研细的碘粉，搅动使其全溶呈深红色溶液。

Ⅱ.将 1 g 碘化钾溶于 100 mL 蒸馏水中，然后加入 0.5 g 碘，加热溶解即得红色清亮溶液。

18. 铬酸洗液

将研细的重铬酸钾 20 g 放入 500 mL 烧杯中，加水 40 mL，加热溶解，待溶解后，冷却，再慢慢加入 350 mL 浓硫酸，边加边搅拌，即成铬酸洗液。

注意事项：(1)防止腐蚀皮肤和衣服；(2)防止吸水；(3)洗液呈绿色时，表示失效；(4)废液用硫酸亚铁处理后再排放。

用途：洗涤一般污渍。

19. 碱性乙醇溶液

将 60 g 氢氧化钠溶于 60 mL 水中，加入 500 mL 95%乙醇即得。

注意事项：(1)防止挥发和失火；(2)久放失效。

用途：除去油脂、焦油等污物。

附录H　常用有机溶剂的纯化

1. 无水乙醚

沸点 34.5 ℃，折光率 1.3526，相对密度 0.7138。

普通乙醚常含有 2 %乙醇和 0.5 %水，不能满足无水实验的要求。久藏的乙醚常含有少量过氧化物。

过氧化物的检验：在干净试管中加入 2～3 滴浓硫酸、1 mL 2%碘化钾溶液（若碘化钾溶液已被空气氧化，可用稀亚硫酸钠溶液滴到黄色消失）和 1～2 滴淀粉溶液，混合均匀后加入乙醚，出现蓝色即表示有过氧化物存在。

醇和水的检验：乙醚中放入少许高锰酸钾粉末和 1 粒氢氧化钠，放置后，氢氧化钠表面附有棕色树脂，即证明有醇存在。水的存在用无水硫酸铜检验。

将 100 mL 乙醚和 10 mL 新配制的硫酸亚铁溶液（配制方法是 $FeSO_4 \cdot 6H_2O$ 60 g，100 mL 水和 6 mL 浓硫酸）在分液漏斗中洗数次，至无过氧化物为止。

在 250 mL 干燥的圆底烧瓶中，加入 100 mL 上述乙醚和几粒沸石，装上回流冷凝管。将盛有 10 mL 浓硫酸的滴液漏斗通过带有侧口的橡胶塞安装在冷凝管上端，接通冷凝水后，将浓硫酸缓慢滴入乙醚中，由于吸水作用产生热，乙醚会自行沸腾。当乙醚停止沸腾后，拆除回流冷凝管，补加沸石后，改成蒸馏装置，用干燥的锥形瓶作接收器。在接液管的支管上安装盛有无水氯化钙的干燥管，干燥管的另一端连接橡胶管，将逸出的乙醚蒸气导入水槽中。用事先准备好的热水浴加热蒸馏，收集 34.5 ℃馏分 70～80 mL，停止蒸馏。烧瓶内所剩残液倒入指定的回收瓶中（切不可向残液中加水！）。

向盛有乙醚的锥形瓶中加入 1 g 钠丝，然后用带有氯化钙干燥管的塞子塞上，以防止潮气侵入并可使产生的气体逸出。放置 24 h，使乙醚中残存的痕量水和乙醇转化为氢氧化钠和乙醇钠。如发现金属钠表面已全部发生作用，则需补加少量钠丝，放置至无气泡产生，金属钠表面完好，即可满足使用要求。

2. 绝对乙醇

沸点 78.5 ℃，折光率 1.3616，相对密度 0.7893。

市售的无水乙醇一般只能达到 99.5%的纯度，而许多反应中需要使用纯度更高的绝对乙醇，可按下法制取。

Ⅰ.在 250 mL 干燥的圆底烧瓶中，加入 0.6 g 干燥纯净的镁丝和 10 mL 99.5%乙醇，安装回流冷凝管，冷凝管上口附加一支无水氯化钙干燥管。在沸水浴上加热至微沸，移去热源，立刻加入几粒碘（注意此时不要振荡），可见随即在碘粒附近发生反应。若反应较慢，可稍加热；若不见反应发生，可补加几粒碘。当金属镁全部作用完毕后，再加入 100 mL 99.5%乙醇和几粒沸石，水浴加热回流 1 h。改成蒸馏装置，补加沸石后，水浴加热蒸馏，收集 78.5 ℃馏分，贮存在试剂瓶中，用橡胶塞或磨口塞封口。此法制得的绝对乙醇纯度可达 99.99%。

Ⅱ.在 100 mL 99.5%乙醇中，加入 7 g 金属钠，待反应完毕，再加入 27.5 g 邻苯二甲酸二乙酯或 25 g 草酸二乙酯，回流 2～3 h，然后进行蒸馏。

金属钠虽能与乙醇中的水作用，产生氢气和氢氧化钠，但所生成的氢氧化钠又与乙醇发生平衡反应，因此单独使用金属钠不能完全除去乙醇中的水，需加入过量的高沸点酯，如邻苯二甲酸二乙酯与生成的氢氧化钠作用，抑制上述反应，从而达到进一步脱水的目的。

3. 甲醇

沸点 65.0 ℃，折光率 1.3288，相对密度 0.7914。

普通未精制的甲醇含有 0.02%丙酮和 0.1%水，工业甲醇中这些杂质的含量达 0.5%～1.0%。

为了制得纯度达 99.9%以上的甲醇，可将甲醇用分馏柱分馏。收集 64 ℃馏分，再用镁去水（与制备无水乙醇相同）。甲醇有毒，处理时应防止吸入其蒸汽。

4. 丙酮

沸点 56.2 ℃，折光率 1.3588，相对密度 0.7899。

普通丙酮常含少量的水及甲醇、乙醛等还原性杂质。纯化方法有：

Ⅰ.于 250 mL 丙酮中加入 2.5 g 高锰酸钾，回流，若高锰酸钾紫色很快消失，再加入少量高锰酸钾继续回流，至紫色不褪为止。然后改成蒸馏装置，加入几粒沸石，水浴加热蒸出丙酮，用无水碳酸钾或无水硫酸钙干燥 1 h。过滤后蒸馏，收集 55.0～56.5 ℃馏分。用此法纯化丙酮时，需注意丙酮中含还原性物质不能太多，否则会过多消耗高锰酸钾和丙酮，使处理时间延长。

Ⅱ.将 100 mL 丙酮装入分液漏斗中，先加入 4 mL 10%硝酸银溶液，再加入 3.6 mL 1 mol/L氢氧化钠溶液，振摇 10 min，分出丙酮层，再加入无水硫酸钾或无水硫酸钙进行干燥，最后蒸馏收集 55.0～56.5 ℃馏分。此法比方法Ⅰ要快，但硝酸银较贵，只宜做小量纯化用。

5. 苯

沸点 80.1 ℃，折光率 1.5011，相对密度 0.8787。

普通苯常含有少量水和噻吩，噻吩的沸点 84 ℃，与苯接近，不能用蒸馏的方法除去。

噻吩的检验：取 1 mL 苯，加入 2 mL 溶有 2 mg 吲哚醌的浓硫酸，振荡片刻，若酸层为蓝绿色，即表示有噻吩存在。

噻吩和水的除去：将苯装入分液漏斗中，加入相当于苯体积 1/7 的浓硫酸，振摇使噻吩磺化，弃去酸液，再加入新的浓硫酸，重复操作几次，直到酸层呈现无色或淡黄色并检验到无噻吩为止。将上述无噻吩的苯依次用 10%碳酸钠溶液和水洗至中性，再用无水氯化钙干燥 24 h 后，水浴加热蒸馏，收集 79.5～80.5 ℃馏分，最后用金属钠脱去微量的水得无水苯。

6. 乙酸乙酯

沸点 77.1 ℃，折光率 1.3723，相对密度 0.9003。

乙酸乙酯纯度一般为 95%～98%，含有少量水、乙醇和乙酸。纯化方法如下：

(1)于 1000 mL 乙酸乙酯中加入 100 mL 乙酸酐、10 滴浓硫酸，加热回流 4 h，除去乙醇和水等杂质，然后进行蒸馏。馏液用 20～30 g 无水碳酸钾振荡，再蒸馏。产物沸点为 77 ℃，纯度可达 99%以上。

(2)先用等体积的 5%碳酸钠溶液洗涤，再用饱和氯化钙溶液洗涤，酯层倒入干燥的锥形瓶中，加入适量无水碳酸钾干燥 1 h 后，蒸馏，收集 77.0～77.5 ℃馏分。

7. 二氯甲烷

沸点 40.0 ℃,折光率 1.4242,相对密度 1.3266。

使用二氯甲烷比氯仿安全,因此常常用它来代替氯仿作为比水重的萃取剂。普通的二氯甲烷一般都能直接做萃取剂用。如需纯化,可用 5%碳酸钠溶液洗涤,再用水洗涤,然后用无水氯化钙干燥。蒸馏,收集 40～41 ℃馏分,保存在棕色瓶中。

8. 氯仿

沸点 61.7 ℃,折光率 1.4459,相对密度 1.4832。

氯仿在日光下易氧化成氯气、氯化氢和光气(剧毒),故氯仿应贮于棕色瓶中。市场上供应的氯仿多用 1%酒精做稳定剂,以防止产生光气。氯仿中乙醇的检验可用碘仿反应,游离氯化氢的检验可用硝酸银的醇溶液。

除去乙醇时,可将氯仿用其 1/2 体积的水振摇数次,分离下层的氯仿,用氯化钙干燥 24 h,然后蒸馏。另一种纯化方法是将氯仿与少量浓硫酸一起振荡两三次。每 200 mL 氯仿用 10 mL浓硫酸,分去酸层以后的氯仿用水洗涤,干燥,然后蒸馏。除去乙醇后的无水氯仿应保存在棕色瓶中并避光存放,以免光化作用产生光气。

9. 四氯化碳

沸点 76.8 ℃,折光率 1.4603,相对密度 1.5950。

四氯化碳中二硫化碳达 4%。纯化时,将 1000 mL 四氯化碳、60 g 氢氧化钾、60 mL 水和 100 mL 乙醇组成的混合溶液在 50～60 ℃时振摇 30 min,然后水洗,再将此四氯化碳按上述方法重复操作一次(氢氧化钾的用量减半)。四氯化碳中残余的乙醇可以用氯化钙除掉。最后将四氯化碳用氯化钙干燥,过滤,蒸馏,收集 76.7 ℃馏分。四氯化碳不能用金属钠干燥,因有爆炸危险。

10. 吡啶

沸点 115.5 ℃,折光率 1.5095,相对密度 0.9819。

分析纯的吡啶含有少量水分,可供一般实验用。如要制得无水吡啶,可将吡啶与颗粒氢氧化钾(钠)一同回流,然后隔绝潮气蒸出备用。干燥的吡啶吸水性很强,保存时应将容器口用石蜡封好。

11. N,N-二甲基甲酰胺

沸点 149.0～156.0 ℃,折光率 1.4305,相对密度 0.9487。无色液体,与多数有机溶剂和水可任意混合,对有机和无机化合物的溶解性能较好。

N,N-二甲基甲酰胺含有少量水分。常压蒸馏时会部分分解,产生二甲胺和一氧化碳;在有酸或碱存在时,分解加快。所以加入固体氢氧化钾(钠)在室温放置数小时后,即有部分分解。因此,常用硫酸钙、硫酸镁、氧化钡、硅胶或分子筛干燥,然后减压蒸馏,收集 76.0 ℃/4800 Pa(36 mmHg)的馏分。如含水较多,可加入其 1/10 体积的苯,在常压及 80 ℃以下蒸去水和苯,然后用无水硫酸镁或氧化钡干燥,最后进行减压蒸馏。纯化后的 N,N-二甲基甲酰胺要避光贮存。N,N-二甲基甲酰胺中如有游离胺存在,可用 2,4 二硝基氟苯来检验。

12. 二氧六环

又名 1,4-二氧己烷。沸点 101.5 ℃,熔点 12.0 ℃,折光率 1.4424,相对密度 1.0336。

二氧六环能与水任意混合，常含有少量二乙醇缩醛与水，久贮的二氧六环可能含有过氧化物。

二氧六环的纯化方法：在 500 mL 二氧六环中加入 8 mL 浓盐酸和 50 mL 水，回流 6～10 h，在回流过程中，慢慢通入氮气以除去生成的乙醛。冷却后，加入固体氢氧化钾，直到不能再溶解为止，弃去水层，再用固体氢氧化钾干燥 24 h。然后过滤，在金属钠存在下加热回流 8～12 h，最后在金属钠存在下蒸馏，压入钠丝密封保存。精制过的二氧六环应当避免与空气接触。

13. 二甲基亚砜

沸点 189.0 ℃，熔点 18.5 ℃，折光率 1.4783，相对密度 1.1000。

二甲基亚砜能与水混溶，可用分子筛长期放置加以干燥，然后减压蒸馏，收集76.0 ℃/1600 Pa(12 mmHg)馏分。蒸馏时，温度不可高于 90 ℃，否则会发生歧化反应生成二甲砜和二甲硫醚。也可用氧化钙、氢化钙、氧化钡或无水硫酸钡来干燥，然后减压蒸馏。还可用部分结晶的方法纯化。二甲基亚砜与某些物质混合时可能发生爆炸，如氢化钠、高碘酸或高氯酸镁等，应予注意。

14. 四氢呋喃

沸点 67.0 ℃(64.5 ℃)，折光率 1.4050，相对密度 0.8892。

四氢呋喃与水能混溶，并常含有少量水分及过氧化物。如要制得无水四氢呋喃，可用氢化铝锂在隔绝潮气下回流(通常 1000 mL 需 2～4 g 氢化铝锂)，除去其中的水和过氧化物，然后蒸馏，收集 66.0 ℃的馏分(蒸馏时不要蒸干，剩余少量残液时即倒出)。精制后的液体中加入钠丝并反应在氮气氛围中保存。处理四氢呋喃时，应先用少量进行试验，在确定其中只有少量水和过氧化物，反应不致过于激烈时，方可进行纯化。四氢呋喃中的过氧化物可用酸化的碘化钾溶液来检验。如过氧化物较多，应另行处理为宜。

15. 石油醚

石油醚为轻质石油产品，是低相对分子质量烷烃类的混合物。其沸程为 30～150 ℃，收集的温度区间一般为 30 ℃左右。有 30～60 ℃、60～90.0 ℃、90～120 ℃等沸程的石油醚。其中含有少量不饱和烃，沸点与烷烃相近，用蒸馏法无法分离。

在 150 mL 分液漏斗中，加入 100 mL 石油醚，用 10 mL 浓硫酸分两次洗涤，再用 10%硫酸与高锰酸钾配制的饱和溶液洗涤，直至水层中紫色不再消失为止。用蒸馏水洗涤两次后，将石油醚倒入干燥的锥形瓶中，加入无水氯化钙干燥 1 h。蒸馏，收集需要规格的馏分。若需绝对干燥的石油醚，可加入钠丝。

参考文献

[1]兰州大学,复旦大学.有机化学实验[M].4 版.北京:高等教育出版社,2017.

[2]邢其毅,裴伟伟,徐瑞秋,等.基础有机化学[M].4 版.北京:北京大学出版社,2017.

[3]丁长江.有机化学实验[M].2 版.北京:科学出版社,2016.

[4]北京大学化学与分子工程学院有机化学研究所.有机化学实验[M].3 版.北京:北京大学出版社,2015.

[5]薛思佳,季萍,Larry Olson.有机化学实验[M].3 版.北京:科学出版社,2018.

[6]施韦特利克.有机合成实验室手册[M].万均,温永红,陈玉,等译.北京:化学工业出版社,2010.

[7]吴美芳,李琳.有机化学实验[M].北京:科学出版社,2017.

[8]武汉大学化学与分子科学学院实验中心.有机化学实验[M].2 版.武汉:武汉大学出版社,2017.

[9]高占先,于丽梅.有机化学实验[M].5 版.北京:高等教育出版社,2016.

[10]王福来.有机化学实验[M].武汉:武汉大学出版社,2003.

[11]宁永成.有机化合物结构鉴定与有机波谱学[M].3 版.北京:科学出版社,2017.

[12]李霁良.微型半微型有机化学实验[M].北京:高等教育出版社,2003.

[13]JOHN C G,STEPHEN F M.Experimental organic chemistry:a miniscale and microscale approach [M].New York:Brooks/Cole,2007.

[14]BELL C E,CLARK A K.Organic chemical laboratory:standard and microscale experiments [M].2nd ed.Philadelphia:Saunders College Publishing,1997.